メカトロニクスの基礎

渋谷 恒司 著
Koji Shibuya

第2版

森北出版

まえがき

「メカトロニクス」という言葉が日本で作られてから，すでに半世紀近く経つ．現在でも多くの大学や高専の機械系，電気・電子系，情報系学科において，メカトロニクスやそれに関連した科目が開講されている．本書は，私が 10 年以上担当してきた科目である「メカトロニクス」の講義ノートを基に執筆した教科書である．

本書では，メカトロニクスシステム，その中でもとくにロボットに代表されるメカトロ機器を構成するうえで標準となる系であるサーボ系に注目している．そして，サーボ系を構成する機器の原理や特性，それぞれの接続の仕方，データ処理の方法など，広範囲なメカトロニクスの内容を，大学 2 年生以上向けにできるだけ平易に，かつバランスよく解説したつもりである．各分野における専門家の方々から見れば非常に初歩的なことしか書いていないと思われるかもしれないが，最初に教えるべき重要な事項は網羅されていると考えている．しかし，メカトロニクスを構成する要素機器の種類は非常に多く，すべてをこの教科書だけで網羅することは不可能である．本書を通して，何に注目するべきか，そして機器のカタログを読むにはどのような数値に気をつける必要があるかを学んでいただき，自分自身でメカトロニクスシステムを構成できるようになってほしい．

本書は，多くの方々の支援によって出版することができた．参考にさせていただいた書籍やカタログは多数に上り，巻末の参考文献はその一部である．参考にさせていただいた資料を作成された方々に感謝する．また，写真や図を提供していただいた企業の方々にも感謝申し上げたい．最後に，本書の執筆を勧めていただき，出版に至る過程でも大変お世話になった，富井晃氏をはじめとする森北出版の皆様に感謝の意を表する．

2016 年 1 月　　　　著　者

● 第２版の発行にあたって

幸いにも初版は好評を頂いていたが，発行から約 7 年が経ち，コンピュータ関連を中心に，記述が少し古いと感じるところが出てきた．また，もう少し説明が必要と思うところも出てきた．この第 2 版では，そうした点を中心に加筆・修正し，加えて 2 色刷となった．本書が，読者のメカトロニクスの理解に少しでも役立つことを願っている．富井晃氏，上村紗帆氏をはじめとする森北出版の皆様には，このたびもお世話になった．ここに記して謝意を表する．

2023 年 5 月　　　　　　　　　　　　　　　　　　　　　　　　　　　著　者

目次

第1章 メカトロニクス概論

本書では，「メカトロニクス」について解説する．そもそも「メカトロニクス」とは何を指す言葉で，いつごろから使われ始めたのだろうか．世界的に通用する言葉なのであろうか．本章では，「メカトロニクス」の起源や定義，なぜ発展したのか，そしてどのような応用先があるのかなど，メカトロニクスの概略について解説する．

1.1 メカトロニクスとは

メカトロニクス (mechatronics) は，機械工学 (mechanics) と電子工学 (electronics) の合成語である．もともとは 1970 年代に日本の企業が作った造語（和製英語）であったが，現在では世界中で通じる言葉である．

「メカトロニクス」は，当初は，機械工学と電子工学の技術を融合させて，機構部品のみから構成される機器より正確で信頼性が高く，かつ柔軟に調整が可能な機器を作る技術，もしくはその技術を使って製作された機器のことを指す言葉であった．現在でもその意味で使われることが多いが，上記 2 分野に加え，近年のコンピュータ技術，ネットワーク技術における急激な進展を受け，インターネットに代

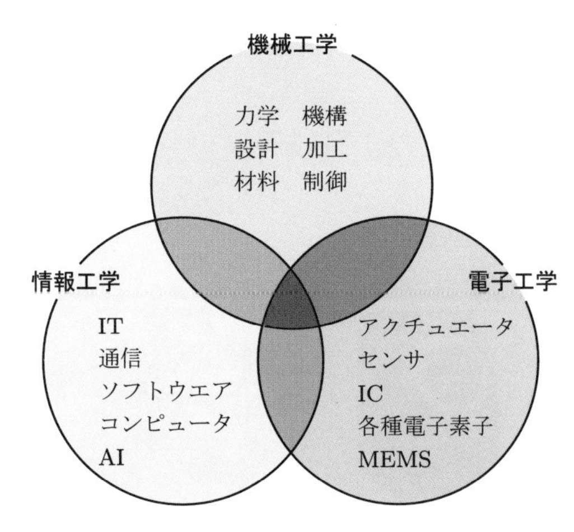

図 1.1 メカトロニクスを構成する要素

表される**情報技術** (IT: information technology) や，通信，人工知能（AI: artificial intelligence），ソフトウエア技術を含む情報工学も含むようになってきている．図1.1 にその概念図を示す．

メカトロニクスとは，狭義にはこの三つの構成要素をすべて含むものだが，必ずしもそれに捉われずに，さまざまな機器をメカトロニクスを応用したものとみなしている．

1.2　メカトロニクスの具体例

メカトロニクスが発展していく過程で，多くの製品が作り出されてきた．その多くは，従来人間が行っていた作業や機械式だった装置にメカトロニクスを応用したものである．これらの製品により，現在の私たちの暮らしは格段に便利になった．メカトロニクスについて知るには，まずはそういった自身の周囲にある具体例を見てみるのが一番である．ここでは，各種のメカトロニクス応用製品について述べる．

(1) 家電製品

洗濯機が普及するまでは，人間はその手で洗濯をしていた（図 1.2）．洗濯板で布をこすって汚れを落としていたのである．これに代わるものとして，手回しの機械式の洗濯機が開発され，20 世紀中ごろには電気式の洗濯機が普及する．電気式の洗濯機は，水と洗濯物が入った洗濯槽を電気モータで回転させる．現在では，洗濯時間などを設定した後は，すべて自動で洗濯が完了する機器が主流である．ここでは，コンピュータによって電気モータが自動制御されており，これによって，人間の作業量は大幅に減った．

同様なことは，調理などほかの分野にも及んでいる．たとえば，炊飯器や電子レンジはその好例である．また，昔のミシンは足踏み式といって，人間が足で足板を

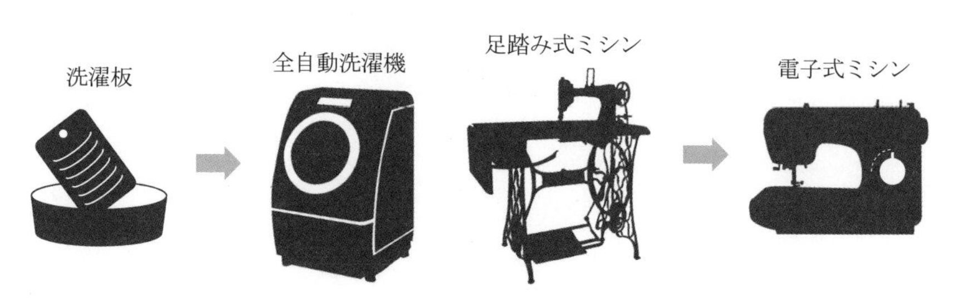

図 1.2　洗濯機　　　図 1.3　ミシン

往復運動させ，リンク機構を利用して回転運動に変換し，その回転を針の上下運動に変換していた（図 1.3）．これに対して現在は電気モータによるものが主流であり，マイコンを利用してさまざまな縫い方に対応可能である．

(2) 時計

腕時計は，昔は機械式時計といって，ばねと歯車などの機械部品のみからなる精巧なものであった．これは，簡単にいえば振り子の振動を利用して時計の針を動かす方式である．現在でも機械式腕時計は人気があり，高価である．しかし，クォーツ（水晶）が腕時計に応用され，これが爆発的に広まった．水晶に交流電圧をかけると，一定の周期で振動する．この正確な周期を基に，時計の針を電気モータにより正確に動作させているのがクォーツ時計である．クォーツは機械式時計よりも正確であり，安価に製造が可能だったため，現在の時計の主流となっている．

(3) 自動車

自動車にもメカトロニクス技術が多数使われている．図 1.4 に示すように，じつにさまざまなところにメカトロニクス技術が使われていることがわかる．たとえば，車のエンジンを点火するタイミングは電子制御されている．また，パワーステアリング，電動スライドドア，ドアミラーの調節などにも，メカトロニクス技術が応用されている．近年では，前の車との車間距離をセンサで検知し，自動でブレーキをかけるシステムや，車線をセンサで検知し，その間を保つようなシステムも開発され，実用化されている．

通信技術を応用した例として，車の ETC (electronic toll collection system) がある．ETC は，車に搭載された ETC システムと通信することにより，車の種別，入ったインターチェンジや出たインターチェンジの情報をやりとりし，ゲートを

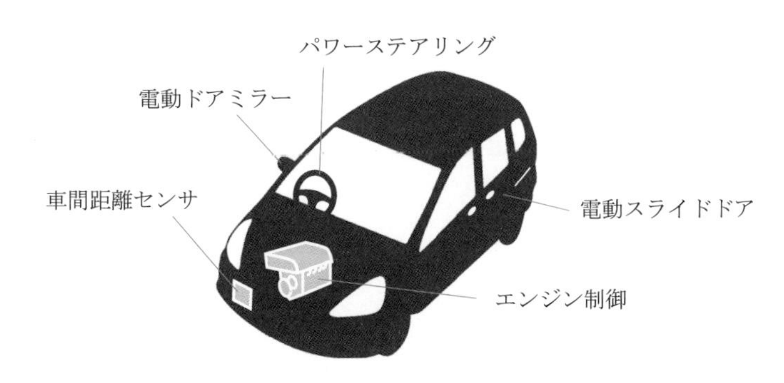

図 1.4 自動車に用いられているメカトロニクス

オープンする．これは，通信技術や IT 技術を応用した高度なメカトロニクスシステムである．

さらに，目的地を入力すれば，自動運転でそこまで移動するための技術も開発中である．

(4) ロボット

メカトロニクスの代表例が**ロボット** (robot) であろう．たとえば，図 1.5 のようなヒューマノイドロボットには，関節を動かすために多数のモータが搭載されている．そのモータをコンピュータで制御することによって，人間のような動きを作り出している．モータを望みどおりに動かすためには，モータの回転角度やロボットにかかる力を計測するセンサ，そしてそれを処理する電子回路も必要である．

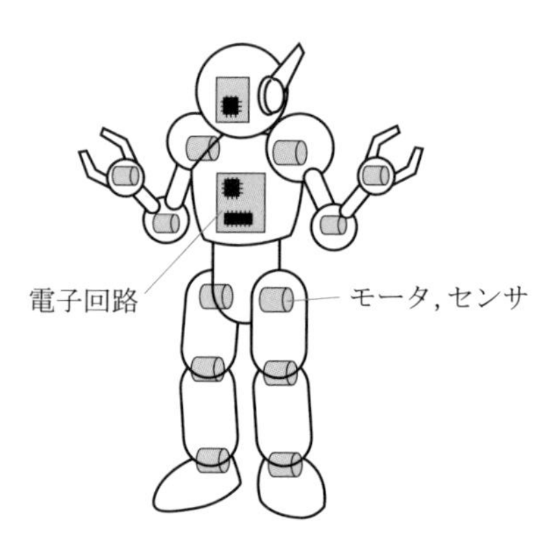

図 1.5　**ヒューマノイドロボット**

このように，メカトロニクスは，人間の作業を減らしたり，より正確に作業できるようになったことで広まった．このほかにメカトロニクスが発展した大きな理由の一つに，コンピュータの大幅な進歩が挙げられる．初期のコンピュータは大きな箱だったが，そのサイズは小さくなり，パーソナルコンピュータ（PC）になっていった．それに加え，近年ではマイコンとよばれる，高機能ではないがサイズが小さいコンピュータが登場し，さまざまな製品に組み込むことができるようになった．近年のコンピュータは年々処理スピードが上昇し，それがメカトロニクスの発展を加速させている．

また，IT に代表される情報処理および通信技術の発展も見逃せない．IT を利用することにより，たとえば，スマートフォンによるロボット制御も可能になっている．そして，AI 技術の進展もメカトロニクス機器の知能化に大きく寄与している．

こうした要素技術の発展により，高速・高精度な機械が開発されてきた．そして近年の MEMS (micro electro mechanical systems) 技術の発展により，より小型のセンサが開発され，それがさらにメカトロニクス機器の小型化に貢献している．

1.3　メカトロニクスの構成要素

図 1.1 に示したように，メカトロニクスは従来の機械工学と電子工学を合わせたものだけではなく，情報工学，とくに IT 技術を応用したものが増えてきた．このため，メカトロニクス機器を構成する要素は多岐にわたる．本節では，メカトロニクス機器を構成する主要な要素を紹介する．

(1) アクチュエータ

アクチュエータ (actuator) とは，機構部分を動作させる機器のことである．電気や流体がもつエネルギーを，機械的な仕事に変換する役割を担っている．その種類としては，各種電気モータのほかに，油圧機器，空気圧機器などがある．本書では，おもに，上記 3 種類のアクチュエータについて第 2 章で詳述する．

(2) 機構

メカトロニクス機器で最終的に動かしたいものは機械部分である．その例としては，ロボットの関節，時計の針などがある．機械構造としては，リンク機構や減速機構がこれにあたる．この動く機械部分のことを**機構**とよび，これに関する学問分野を機構学とよぶ．本書ではおもに，歯車に代表される減速機構について第 3 章で述べる．

(3) センサ

センサ (sensor) は，計測したい物理量を電気信号，おもに電圧信号に変換する機器である．計測対象の物理量としては，変位，距離，回転角度，角速度，加速度，温度，力，圧力などが挙げられる．計測された値は，機器に与えられた目標値と比較され，目標値に近づくように制御することになる．このため，計測と制御はセットとして考えられる．本書では，代表的なセンサについて第 4 章で紹介する．

(4) 情報処理

アナログセンサから得られた情報をそのまま使うことはまれである．実際には電子回路等で，必要な電圧値まで増幅させたり，ノイズなどの不要な信号を低減させたりする．その際，電子機器の知識が必要となる．また，次に述べるコントローラでさまざまな計算をするのも情報処理といえるだろう．本書では，おもにオペアンプを中心として，増幅回路とフィルタ回路について第5章で概説する．また，そうした回路を構成するために必要な電子素子についても第6章で述べる．

(5) コントローラ

コントローラ (controller) とは，アクチュエータを動かすための電気信号を生成する電子機器の総称である．センサから得た情報を基に，マイコンやコンピュータ等で，アクチュエータを駆動するための指令値を算出する．電気モータの場合は，その指令値を基に，アクチュエータを駆動するための電力の増幅を行う．コントローラとその周辺機器について，第7章で述べる．

また，コンピュータで用いられるのは，**ソフトウエア**である．コンピュータで計測し，メカトロニクス機器を制御するためにはソフトウエアが欠かせない．その記述にはさまざまなプログラム言語が使われており，現在でも開発が続けられている．本書では，コンピュータのソフトウエアについて第9章で紹介する．

(6) 制御理論

アクチュエータを望むように動かすための理論が**制御理論**である．制御理論には古典制御理論と現代制御理論があるが，本書で扱うのはいわゆる古典制御理論である．古典制御理論では，ラプラス変換と複素数を数学的基礎として，系（システム）の入出力関係を伝達関数やブロック線図で表す．そして，それらを基にメカトロニクス機器の性能を検討し，設計に反映させる．本書ではおもに，古典制御におけるフィードバック制御の過渡応答，周波数応答，および PID 制御などについて第8章で紹介する．

図 1.6 に，上記要素の構成図の一例を示す．必ずしもつねにこのとおりではないが，おおむねこの図のような構成となることが多い．注意してほしいのは，これがいわゆる古典制御のフィードバック制御におけるブロック線図（図 1.7）と対応していることである．本書では，古典制御理論を適用するシステムをどのような構成にしたらいいのか，という観点から，さまざまな要素について解説する．

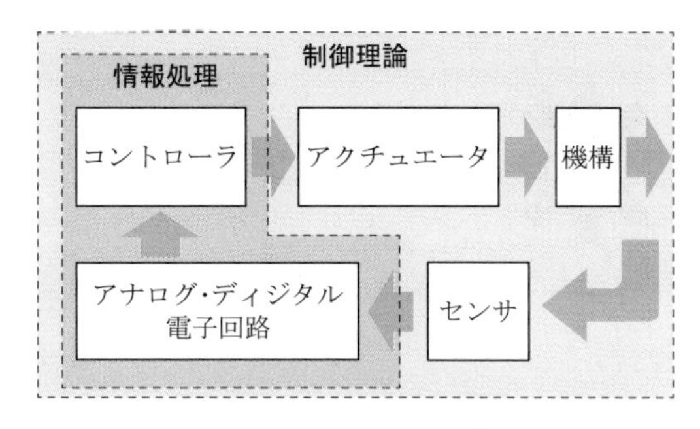

図 1.6　メカトロニクス構成図

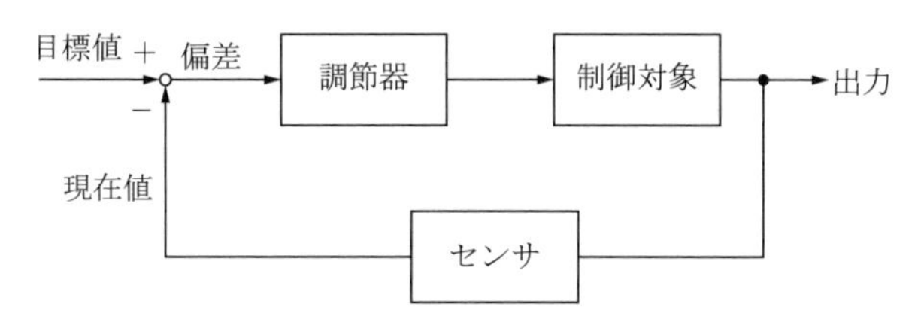

図 1.7　フィードバック制御系

章末問題

1.1　自身の周囲にある家電機器に，どのようなメカトロニクス技術が使われているか調べよ．

1.2　問題 1.1 で調べた機器にメカトロニクス技術が適用される以前には，その作業がどのように行われていたか調べよ．

1.3　インターネットとメカトロニクスの関係について調べよ．

第2章 アクチュエータ

本章では，機構を駆動する役割を担っているアクチュエータに着目する．アクチュエータの駆動方式は，動力源の違いにより，おもに電気，油圧，空気圧の 3 種類に分けられる．本節では，とくに電気アクチュエータの原理，特性，制御方法について詳述する．また，主要な油圧および空気圧アクチュエータについても解説する．

2.1 メカトロニクスとアクチュエータ

メカトロニクスにおいて，**アクチュエータ** (actuator) は機構に変位や力を生じさせる役割を担う．すなわち，機械的エネルギーを生成する機器といえる．

一般に，アクチュエータの寸法や質量が大きいほど大きな力やトルクが出せるが，たとえばロボットの関節のように，配置できるスペースには制限がある場合が多い．したがって，アクチュエータには，必要な力，トルク，もしくは仕事率をできるだけ小さな寸法や重量で出力することが求められる．単位重量あたりの仕事率等の出力は，**出力/重量比**などとよばれ，この値が大きいほうがよいアクチュエータであると考えられる．

メカトロニクス機器を構成するうえで，アクチュエータがどのような特性をもっているのか，そして，何を基準に選定すればよいのかを知ることは非常に重要である．特性を理解するうえで重要なのは，その動力源である．なぜならば，出力できるトルクの大きさなどのアクチュエータの特性は，その動力源によって大きく異なるからである．アクチュエータは，動力源により以下に示す 3 種類に分類される．

(1) 電気

動力源として電気を用いるアクチュエータである．メカトロニクス技術において，もっとも使われているといっても過言ではない．電源には交流 (AC: alternative current) と直流 (DC: direct current) の 2 種類がある．交流は，工場や一般家庭において容易に得られ，直流は電池として簡単に手に入る．また，交流を直流に変換する直流電源装置も容易に入手できる．電気アクチュエータはコンピュータとの接続も比較的容易で，制御性に優れている．代表的なものとしては，DC モータ，AC モータ，ステッピングモータ（パルスモータ）などがある．

(2) 油圧

油などの液体がもつエネルギーを動力源とするアクチュエータである．電気アクチュエータと比べ大きな力を出せるという利点がある．しかし，油を使うため，火気には厳重な注意が必要となる．また，油漏れのないようにメインテナンスが必要である．代表的なものとしては，油圧ピストン，油圧モータがある．これらの制御には油の流量や圧力の制御が必要である．

(3) 空気圧

圧縮空気がもつエネルギーを動力源とするアクチュエータである．油圧と異なり，空気が漏れてもそれほど問題ではないので，取り扱いがしやすい．空気に圧縮性があるため，高精度の位置決め制御には向かない．代表的なものとしては，空気圧シリンダがある．

アクチュエータは，一般的には以下のようなことを総合的に勘案して選定される．

- **目的動作**：アクチュエータにどのような動作をさせるのか（直動か，回転か）が重要である．
- **必要なトルクや力**：回転させる場合，どのくらいの回転数でどの程度のトルクが必要なのかが問われる．トルク×回転数＝仕事率なので，どの程度の仕事率が必要かも考える必要がある．さらに，摩擦やさまざまな損失があるので，これらを考慮したうえで，必要なトルクや力を定める必要がある．
- **定格値**：どのアクチュエータにも「定格」とよばれる値が定められている．たとえば，電気モータでは「定格出力」，「定格電圧」などが定められている．「定格出力」とは，そのアクチュエータが，大幅に寿命を縮めることなく出力できる仕事率のことである．選定の際には，どの程度の出力が必要なのかを検討し，それに合った定格値のものを選ぶ必要がある．
- **その他**：アクチュエータの寸法，質量，寿命，制御方法，メインテナンス方法，価格なども重要な要素である．

2.2　DC（直流）モータ

2.2.1 ● 構造と原理

DC（直流）モータは，入手しやすくかつ制御も容易であるのでよく使われる．その最大の特徴は，直流電源をつなげるだけで制御回路を使わずとも回転することである．しかし，回転角度や角速度などの精密な制御のためには，制御用の回路やシステムが必要である．

DC モータの構造の模式図を図 2.1 に示す．回転部分である**回転子**（rotor：**ロータ**）がコイル，固定部分である**固定子**（stator：**ステータ**）が永久磁石となっている．

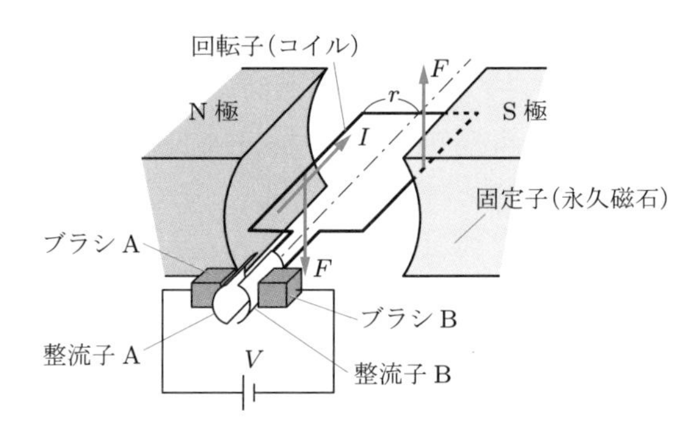

図 2.1　DC モータの原理図

フレミングの左手の法則に基づき，コイルに力 F が発生する．この力により回転軸周りのモーメントが発生し，回転軸を中心に回転する．しかし，電源とコイルが直結されている場合，図の状態からコイルが 90° 以上回転すると，磁界に対する電流の向きが逆になるため，力の方向も逆になり，回転方向も逆になってしまう．これを防ぐために**ブラシ**と**整流子**が設けられている．図のように，最初にブラシ A と B がそれぞれ整流子 A と B に接触していたとする．コイルが回転することでブラシ A が整流子 B に，ブラシ B が整流子 A に接続されるため，磁界に対する電流 I の向きは変わらない．このように，ブラシと整流子は接続が入れ替わることで回転方向を一定に保つ役割を担っている．

このブラシと整流子は，DC モータの最大の欠点でもある．すなわち，つねにブラシが整流子に押し付けられた状態で回転するので摩耗が生じ，メインテナンスが必要となる．また，接触点から火花が飛ぶこともある．このため，工場などの現場や，家電製品などには，DC モータよりも AC モータ（後述のブラシレス DC モータも含む）が用いられることが多い．

図ではコイルは 1 巻きだが，これだと回転角度に応じてトルクが変化してしまう．たとえば，図 2.2 は，**図 2.1** の状態から，コイルが θ だけ回転した状態を示している．この状態では，トルクは

$$T = 2Fr\cos\theta \tag{2.1}$$

であり，回転角度によってトルクの値が変化することがわかる．これを防ぐため，実際のモータのコイルでは，導線が角度を変えて多く巻かれており，一定のトルクが出るように工夫されている．図 2.3 は，マクソンジャパン㈱の DC モータである．導線が複雑に多数巻かれたコイルの様子がわかる．軸の回転角度にかかわらず一定のトルクが出ないと，**コギング** (cogging) とよばれる，トルクの変動（脈動）

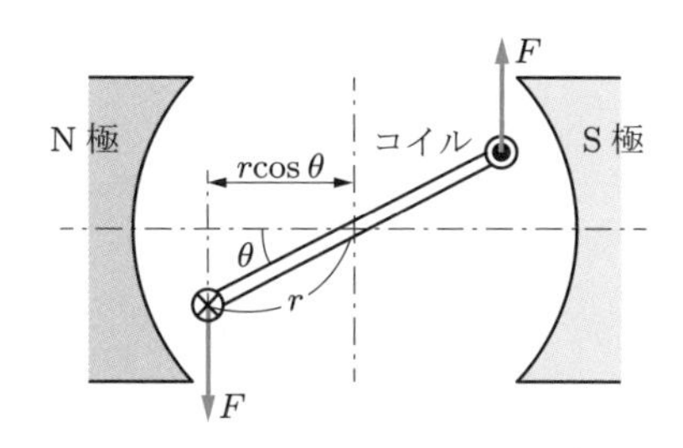

図 2.2　**トルクとコイルの回転角度との関係**

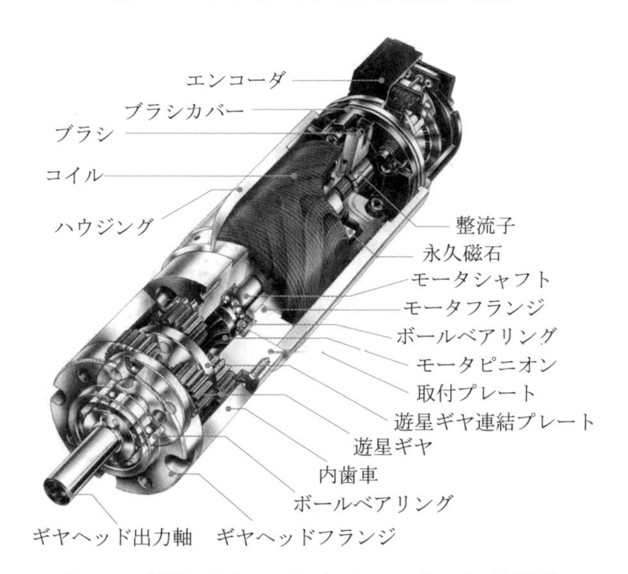

図 2.3　**実際の DC モータ（マクソンジャパン㈱提供）**

が生じてしまう．

サーボモータとよばれるモータは，目標値の変化に追従することを目的としており，加速減速が頻繁に生じるような場所で使われる．このため，回転子の慣性モーメントをできるだけ小さくするよう工夫されている．

図 2.1 のようなコイルを使ったもののほかに，図 2.4(a) のような構造で動くものもある．これは，コイルを巻いた鉄心を磁化することにより，固定子である永久磁石と反発および吸引が生じて回転力を発生する．ブラシと整流子があるのは同じである．**図 2.4**(a) の状態では，上半分にある鉄心上部は N に磁化され，下半分の鉄心は S に磁化されている．ブラシと整流子のおかげでコイルに流れる電流の向きが変化し，上半分の鉄心はつねに N に，下半分の鉄心はつねに S に磁化される．**図 2.4**(b) にはこの原理で動作するモータの写真を示す．

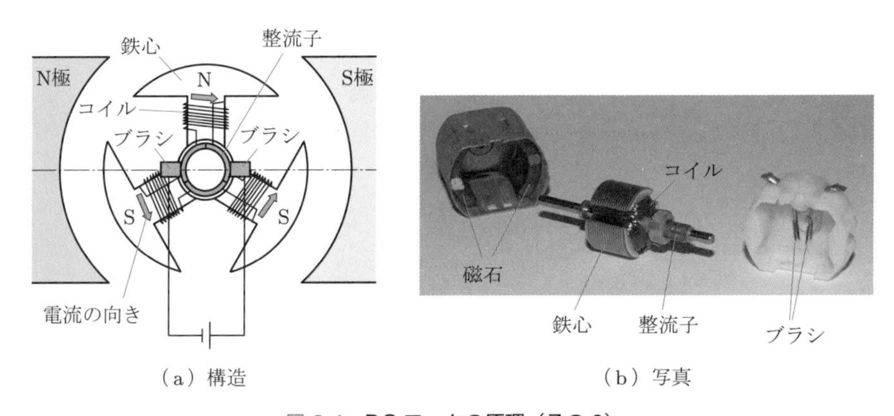

図 2.4　**DC モータの原理（その 2）**

2.2.2 ● 特性

DC モータの特性は以下のように表される．ここでは，回転角度にかかわらずトルクの脈動はないと仮定する．まず，コイルにかかる力 F は，永久磁石の磁束密度を B，コイルの長さを l，コイルに流れる電流を I とすれば，

$$F = BlI \tag{2.2}$$

のように表される．そして，トルク T は，F にコイルの半径 r を掛け，2 倍することによって次式のように得られる．

$$T = 2rF = 2rBlI = K_T I \tag{2.3}$$

ここで，K_T は**トルク定数**とよばれる定数であり，DC モータの選定において重要な特性値である．このように，DC モータでは，トルクは電流に比例し，その比例定数であるトルク定数の値はカタログに記載されている．

図 2.5 のように，コイルが角速度 ω で回転しているとすれば，図の状態におけるコイルの長さ l の部分の速度は，大きさ $v = r\omega$ で，方向は磁束の向きと垂直である．このとき，フレミングの右手の法則より，コイルには，図に示すように大きさ $Blv = Blr\omega$ の誘導起電力が生じる．コイル全体の誘導起電力 E は

$$E = 2Blr\omega = K_E\omega \tag{2.4}$$

となる．すなわち，E は角速度 ω に比例する．E の方向はコイルにかける電圧 V とは逆方向であり，逆起電力ともよばれる．このため比例定数 K_E は**逆起電力定数**とよばれる．式 (2.3) と式 (2.4) の比較でわかるように，

$$K_T = K_E \tag{2.5}$$

である．DC モータは，コイルの回転角度が変わっても，トルク定数と逆起電力定数がほぼ一定の値になるように製作されている．

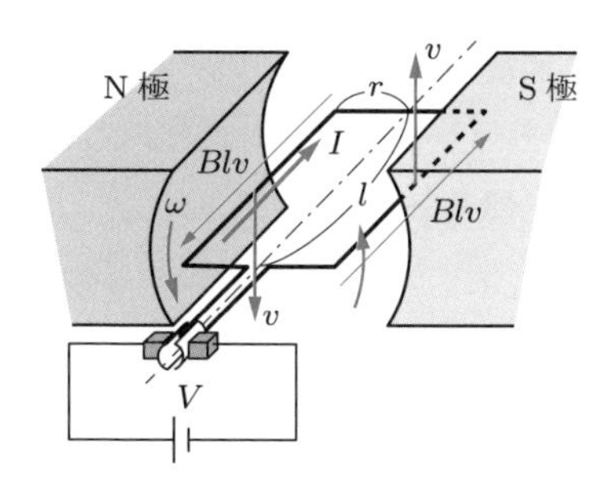

図 2.5　角速度 ω で回転するコイル

ここで，コイルを含む回路にキルヒホッフの電圧則（付録 A.1.2）を適用すれば，以下の式が成立する．R は回転子であるコイルの抵抗値である．

$$V = RI + K_E\omega \tag{2.6}$$

式 (2.3) に式 (2.6) を代入し，I を消去すると，次式が得られる．

$$T = \frac{(V - K_E\omega)K_T}{R} = \frac{K_T}{R}V - \frac{K_E K_T}{R}\omega \tag{2.7}$$

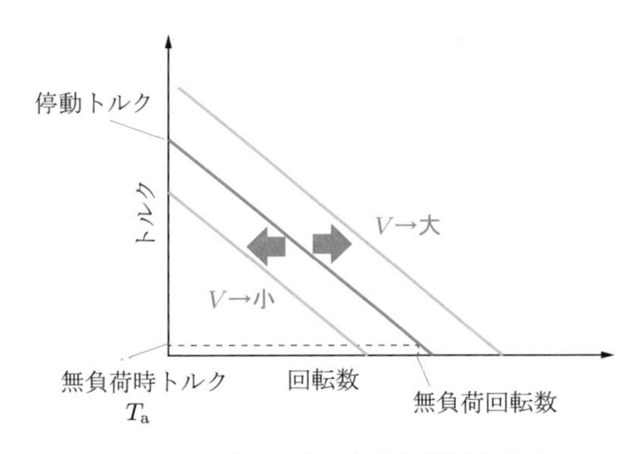

図 2.6　**DC モータのトルク回転数線図**

式 (2.7) は，トルク T と角速度 ω が線形の関係にあることを示している．これを図で表せば，図 2.6 のように右下がりの直線となる．また，コイルに掛ける電圧 V を変えると，直線の傾きは変化しないが，切片 $(K_T/R)V$ が変化するので直線の位置が移動する．負荷トルクが一定の場合など，モータが同じトルクを出力する場合，電圧を変化させると回転数が変化することを意味している．電圧の変化量は回転数の変化量に比例する．

回転数が 0 のときのトルクを**停動トルク**，回転軸に負荷を付けていない，すなわち空回しのときの回転数を**無負荷回転数**といい，どちらも DC モータ選定において重要なパラメータである．また，モータに加えられた負荷を動かすために必要な，モータが出力すべきトルクを**負荷トルク**といい，たとえばロボットの腕を動かすためのトルクが負荷トルクである．ただし，無負荷時においても，摩擦などの抵抗に打ち勝ちモータの回転子を回すためにはトルクが必要なため，モータが出力するトルクは 0 ではなく，コイルには小さな電流が流れる．

式 (2.6) の両辺に電流 I を掛けると，以下のようになる．

$$VI = RI^2 + K_E \omega I \tag{2.8}$$

ここで，式 (2.5) より $K_E = K_T$ だから，式 (2.8) は，T をトルクとして次のように書き換えられる．

$$VI = RI^2 + K_T \omega I = RI^2 + T\omega \tag{2.9}$$

$T\omega$ は，モーメントによる仕事率である．また，VI は入力電力，RI^2 はジュール熱である．このように，入力電力のうち，ジュール熱を除いた分が出力の機械パワーとなり，その源泉は逆起電力である．

2.2.3 ● DC モータのカタログ値

表 2.1 に，定格出力が 4.5 W であるマクソンジャパン社の DC モータのカタログ値を示す．このカタログ値はあくまで一例である．公称電圧とは，基準として選ばれた代表的な値であり，カタログ値は公称電圧で運転したときのデータを記載している．そのデータが，表の番号 1〜9 である．しかし，DC モータは必ずしもその公称電圧で運転しなければいけないわけではない．とくに，起動と停止を繰り返すサーボモータの場合，モータにかける電圧はつねに変化する．これに対して，電圧の値に依存しないモータ固有の値が 10〜16 に表示されている．ここでは，トルク定数に加え，抵抗やインダクタンス，慣性モーメントが表示されている．なお，回転数定数は，逆起電力定数の逆数である．このカタログに見られるように，1 分間あたりの回転数を示す rpm という単位が，rad/s に代わって用いられている．このように，SI 単位に統一されずに，まだ古い単位が用いられていることがあるので，モータ選定の際には注意が必要である．

表 2.1 DC モータ（定格出力 4.5 W）のカタログ例

	番号	項目	値
公称電圧時のデータ	1	公称電圧	4.8 V
	2	無負荷回転数	12700 rpm
	3	無負荷電流	105 mA
	4	最大連続トルク時の回転数	11200 rpm
	5	最大連続トルク	2.15 mN·m
	6	最大連続電流	0.720 A
	7	停動トルク	26.3 mN·m
	8	起動電流	7.56 A
	9	最大効率	69 %
モータ固有値	10	端子間抵抗	0.635 Ω
	11	端子間インダクタンス	0.0201 mH
	12	トルク定数	3.48 mN·m/A
	13	回転数定数	2750 rpm/V
	14	回転数/トルク勾配	502 rpm/(mN·m)
	15	機械的時定数	9.07 ms
	16	ロータ慣性モーメント	1.73 g·cm^2

2.2.4 ● DC モータの効率

モータには効率があり，入力した電力量に対する機械的な仕事の割合は一定ではない．効率とは，与えた電力量に対する，モータがした機械的な仕事の割合である．

ここでは DC モータの効率について考える．効率の記号は η で表されることが多い．モータが出力しているトルクを T，無負荷時のトルクを T_a，角速度を ω，電圧を V，電流を I とすれば，無負荷時のトルク以外の損失を無視できる場合，以下のように表される．

$$\eta = \frac{\omega(T - T_a)}{VI} \tag{2.10}$$

式 (2.10) に式 (2.7) の結果を代入し，式 (2.3) および $K_T = K_E$ を用いると以下のようになる．

$$\eta = \left(1 + \frac{RT_a}{K_E V}\right) - \frac{R}{K_E V}T - \frac{T_a}{T} \tag{2.11}$$

η と T の関係を図で表せば，図 2.7 のようになる．η の最大値を与えるトルクを求めるために，式 (2.11) を T で微分して，微分係数が 0 になるトルク T_b を求め，そのときの効率 $\eta_{\max}$ を求めると，以下のようになる．

$$\eta_{\max} = \left(1 - \sqrt{\frac{RT_a}{K_E V}}\right)^2 \tag{2.12}$$

表 2.1 のモータの場合，69%が最大効率である．

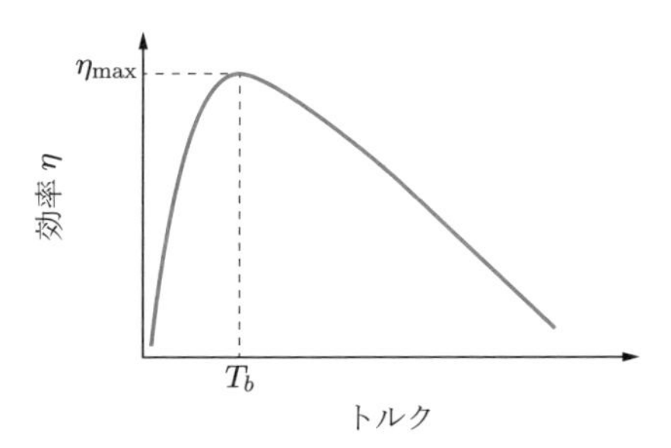

図 2.7　DC モータの効率

2.2.5 ● 運転範囲

モータには，**短期間運転範囲**と**連続運転範囲**が定められていることがある．図 2.8 にその一例を示す．たとえば，長時間連続して運転する場合，トルクが大きいと電流が大きくなり，ジュール熱を発生しモータの寿命を縮めることから，連続運転範囲はトルクが最大連続トルクよりも小さい範囲で定められる．

これに対して，短期間運転範囲では停止と運転が交互に行われるため，大きな電

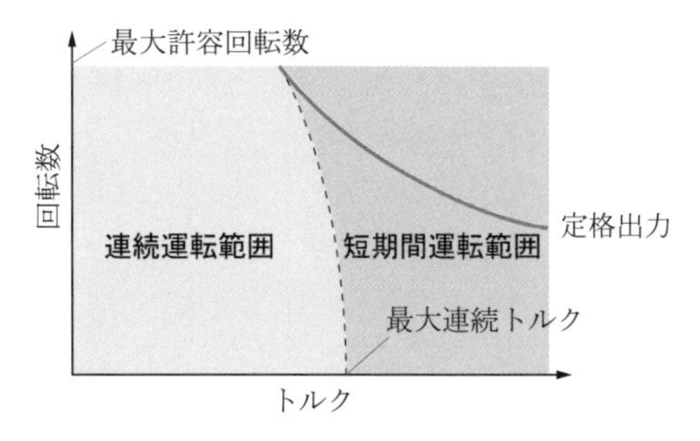

図 2.8 **DC モータの運転範囲**

流を長時間流すことはない．このため，熱の発生が抑えられるので，大きな電流が必要となるトルクも運転範囲に含められる．ただし，一定サイクルで駆動する場合，トルクの 2 乗平均平方根が連続運転時の最大トルク（名称はメーカによって異なる）より小さいことが求められる．

なお，回転数の上限は，ブラシと整流子の摩耗や回転子の機械的なアンバランスを考慮し，要求される寿命を満たすように，最大許容回転数として定められている．

2.2.6 ● 制御方法

DC モータは，制御回路なしで直流電源をつなぐだけで回転する．**図 2.6** からもわかるように，モータにかける電圧に応じて，トルクと回転数の関係を表す直線が移動する．したがって，負荷トルクが変わらなければ，電圧で回転数を制御することが可能である．また，回路に流す電流を増やすことによって，出力トルクを増加させることができる．しかし，負荷トルクが変化する場合に回転角度や角速度を制御したいときには，センサを用いたフィードバック制御が必要である．

回路に加える電圧には，アナログ方式と **PWM**（pulse width modulation：**パルス幅変調）方式**がある．アナログ方式は，モータにかける電圧をアナログ電圧で与える方法である．これに対して，PWM 方式では，電圧を ON と OFF の割合で決める．図 2.9 にその概念図を示す．三角波の搬送波があり，指令電圧が搬送波の電圧よりも高いときにモータへ電圧を供給する．これにより，指令電圧が高いときは，モータへ電圧を供給する時間が長くなる．常時モータに電流を供給しているわけではないので，発熱が抑えられ，PWM 方式のほうが効率がよいとされている．

また，パルスの振幅を変調させる **PAM**（pulse amplitude modulation：**パルス振幅変調）方式**という方式もあり，上記の PWM 方式と組み合わせて用いられる場合もある．

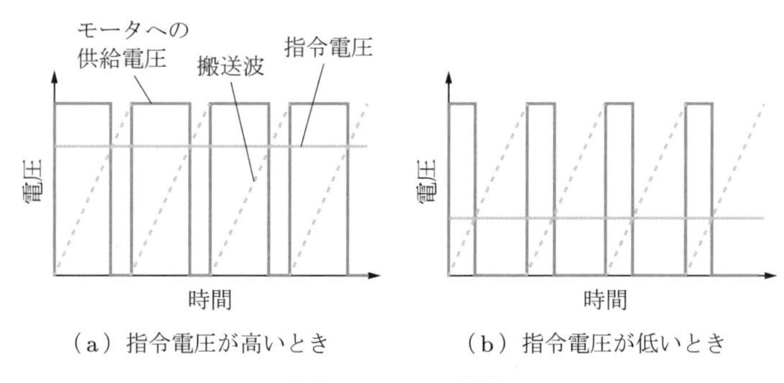

（a）指令電圧が高いとき　　（b）指令電圧が低いとき

図 2.9　PWM 信号

2.3　AC（交流）モータ

2.3.1 ● 構造と原理

AC（交流）モータは，DC モータの欠点であるブラシと整流子を使わずに，交流電流を用いて駆動するモータである．種類としては，同期型，誘導型がある．また，ブラシレス DC モータは直流電流を用いて駆動するが，構造的には同期型 AC モータと同じなので，ここで説明する．

(1) 同期型

同期型 AC モータの構造は DC モータと逆で，回転子が永久磁石，固定子がコイルである．図 2.10 に概略図を示す．コイルに流れる電圧が正弦波状に変化し，磁化されるコイルの磁性が変化する．図では，コンデンサにより A に流れる電流の位相が B より $\pi/2$ だけ進む．このため，最初 A のコイルの磁界が強いとしたとき，A の磁界は次第に弱くなっていき，次に B の磁界が強くなる．その様子を，図

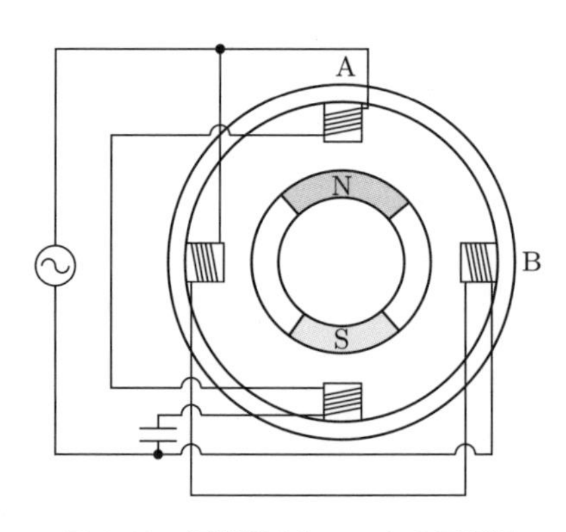

図 2.10　同期型 AC モータの原理図

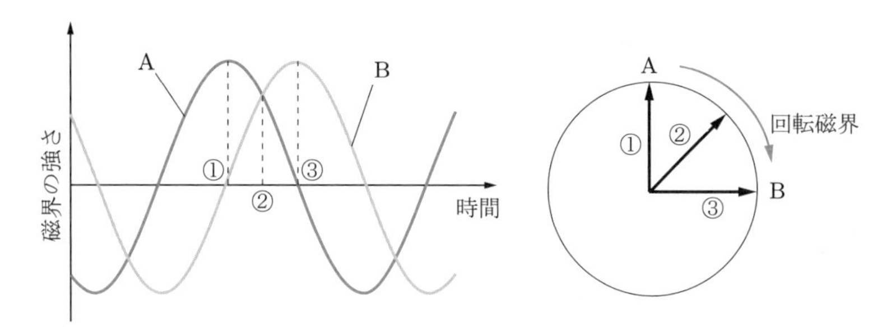

図 2.11 **回転磁界の概念図**

2.11 に示す．時刻①においてコイル A の電流値が最大で，コイル B には電流は流れていない．このとき，A に矢印の向きの磁界が生じている．時刻②においては，コイル A と B に同じ電流が流れる．このとき，コイル A と B に生じる磁界のベクトルの和が合成ベクトルであり，両コイルの磁界の強さは同じなので，その向きは，コイル A と B の中間で 45° の向きである．そして，時刻③でコイル B のみに電流が流れ，磁界はコイル B の方向に向くことになる．このように，交流電流を流すことによって，磁界がまるで回転しているように変化する．これを回転磁界とよぶ．同期型 AC モータは，この回転磁界に永久磁石の N 極と S 極が引き付けられることによって回転する．

これに対して，図 2.12 に示すように，三つの相からなる，3 相 AC モータもある．これは，A と A′，B と B′，C と C′ の 3 組のコイルに，それぞれ 120° ずれた正弦波電流を流すことによって回転磁界を作るものである．

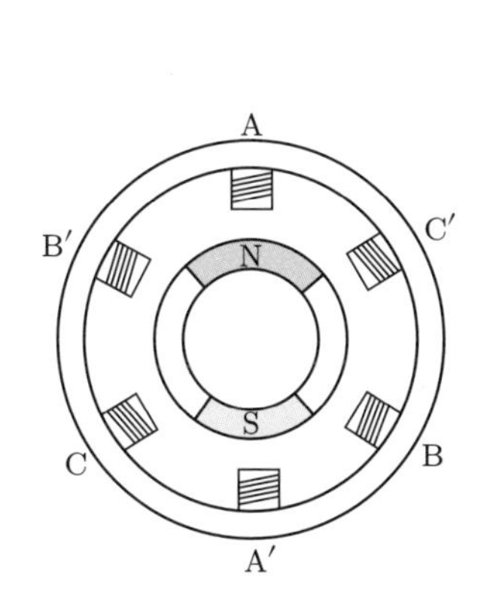

図 2.12 **3 相 AC モータの原理図**

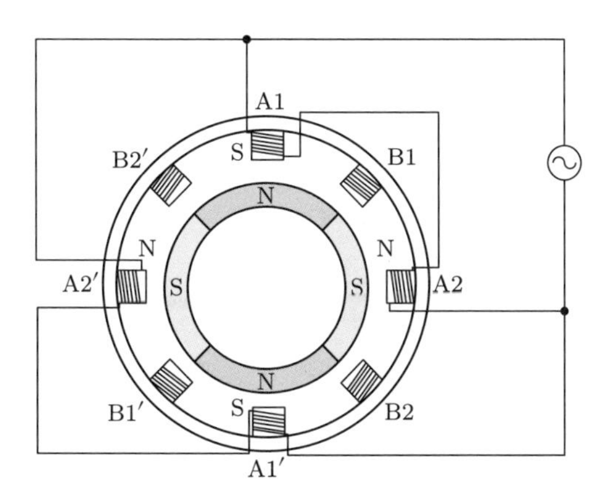

図 2.13 **4 極モータ**

図 2.10 と**図 2.12** のモータにおける回転磁界は，**図 2.11** の①や③の状態では N 極と S 極の組が一つであり，2 極モータとよばれる．これに対して，図 2.13 のように，コイルの数を倍にしたモータもある．この図で A1 と A2，A1′ と A2′ のコイルがそれぞれペアになっている．同様に，図では配線が省略されているが，B1 と B2，B1′ と B2′ がペアになっており，A のコイルとは 1/4 周期交流電流がずれているとする．この状態において，たとえば**図 2.11** の①の状態だとすると，A2 と A1，A2′ と A1′ のそれぞれの間に N 極と S 極があることになる．このため N 極と S 極の組が 2 組あり，4 極モータとよばれる．

図 2.13 の 4 極モータの場合，**図 2.11** の①から③の状態までの時間で，回転子の永久磁石の N 極は，A1 から B1 まで移動するだけなので，回転角度は 45° である．これは，**図 2.10** のモータの半分である．一般に，モータ軸の角速度 ω_r は，交流電流の周波数を f [Hz]，モータの極数を p とすれば，以下の式で表される．

$$\omega_r = \frac{4\pi f}{p}\ [\mathrm{rad/s}] = \frac{120f}{p}\ [\mathrm{rpm}] \tag{2.13}$$

たとえば，2 極の場合は $\omega_r = 2\pi f$ [rad/s] となり，交流電流と回転子が同じ周波数で回転する．ω_r は**同期速度**とよばれ，交流電流の周波数によって決まる．

(2) 誘導型

誘導型 AC モータは，図 2.14 に示す**アラゴの円盤**とよばれる現象を応用したモータである．図のように，導電性の円盤に永久磁石を近づけ，矢印の方向に回転させる．磁石が回転すると，磁界が変化するが，その磁界の変化を妨げるように渦電流が円盤に流れる．その渦電流と磁石による磁界により，円盤はフレミングの左手の法則に従う方向に動く．

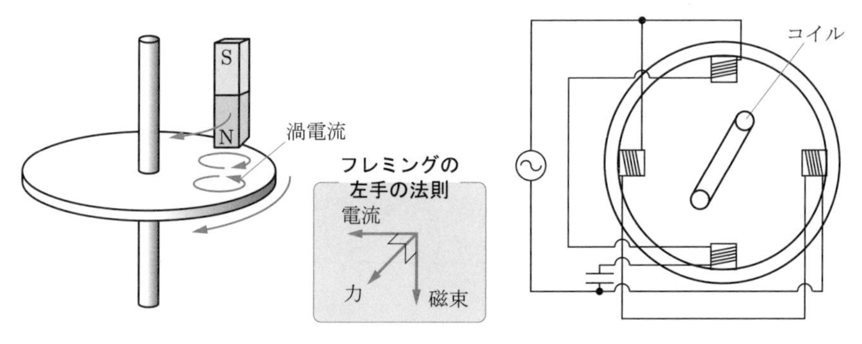

図 2.14　**アラゴの円盤**　　図 2.15　**誘導型の原理図**

誘導型の原理を図 2.15 に示す．固定子のコイルには交流電圧がかかっているため，回転磁界が生じる．この回転磁界により，回転子のコイルを横切る磁束が変化する．この変化を減らす方向に誘導起電力がかかり，回転子のコイルに電流が流れる．その電流と，固定子のコイルによる磁界により，フレミングの左手の法則に従う方向に力がかかる．この力によって，コイルが回転磁界の回転方向と同じ方向に回転する．

以上の原理からもわかるように，コイルの回転は，回転磁界の回転よりも若干遅い．回転子の回転速度を ω，回転磁界の回転速度を ω_r とすれば，$\omega < \omega_r$ であり，次式の**すべり**とよばれる無次元量 S $(0 < S < 1)$ が定義される．

$$S = \frac{\omega_r - \omega}{\omega_r} \tag{2.14}$$

(3) ブラシレス DC モータ

ブラシレス DC モータ (brush-less DC motor) の構造は，図 2.16 に示すように同期型 AC モータと同じである．固定子はコイルであり，回転子は永久磁石である．同期型 AC モータでは交流電流によって回転磁界を得ていたのに対して，ブラシレス DC モータでは，回転子の位置をホールセンサ等のセンサで測定し，その結果を基に，固定子のどのコイルを次に磁化するか決める．DC モータのブラシの役割を，ホールセンサ等のセンサと，磁化するコイルを決める制御回路によって代替していることになる．

なお，ブラシレス DC モータでは，コイルの磁化は交流電流ではなく ON-OFF で行われる．これに対して，コイルの磁界を正弦波状に変化させるものがあり，

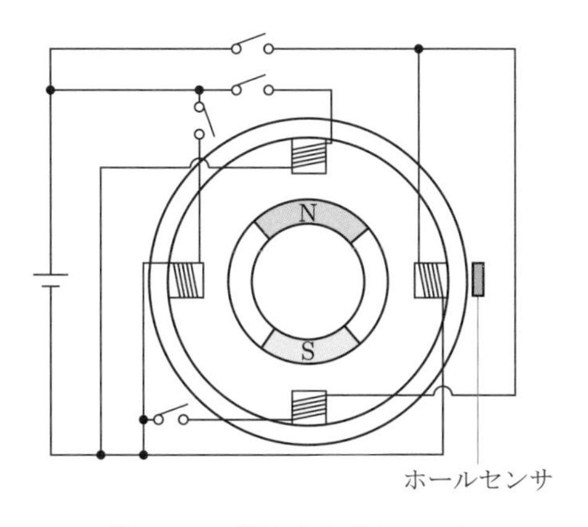

図 2.16 ブラシレス DC モータ

ブラシレス DC モータと区別するために，**ブラシレス AC モータ** (brush-less AC motor) とよばれることがある．

2.3.2 ● 特性と制御方法

(1) 同期型

同期型 AC モータは，静止状態からいきなり同期速度になることはできない．始動には外部から回転を与えるか，回転磁界の角速度を徐々に大きくして，回転子の角速度を 0 から同期速度まで変更する必要がある．回転磁界の角速度を変更するために，インバータとよばれる装置を用い，交流電流の周波数を変更する．

回転磁界と回転子の位置関係は，無負荷時で図 2.17(a) のようになっている．しかし，負荷が増えると，回転速度は回転磁界の速度と同じだが，位置関係が図 (b) のようになる．この角度 θ は，**トルク角** (torque angle) や**負荷角** (load angle) とよばれている．負荷が大きくなりすぎ，トルク角が 90° を超えると，回転できなくなる．これを**脱調**とよぶ．

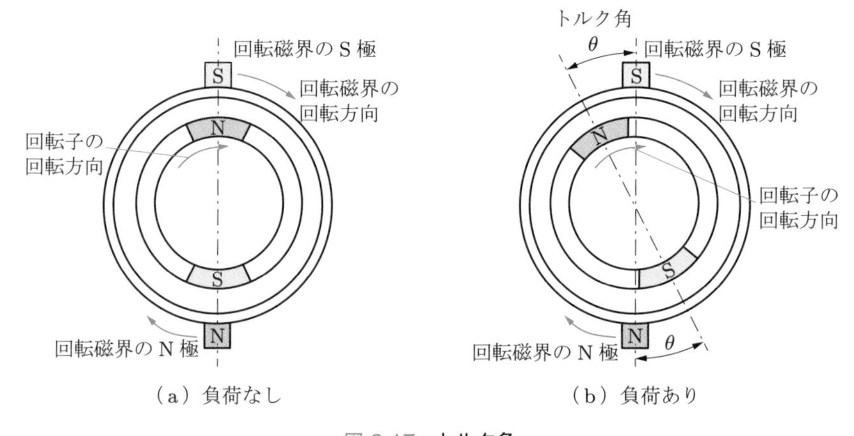

図 2.17 **トルク角**

発生するトルク τ は，トルク角 θ によって変化する．K を定数，I を電流とすれば，

$$\tau = KI \sin\theta \qquad (2.15)$$

となることが知られている．

なお，同期型は誘導型と比べ，エネルギー効率がよいといわれている．これは，誘導型では回転子であるコイルでの損失（銅損）があるが，同期型にはそれがない

ためである.

(2) 誘導型

誘導型のトルクと回転数の関係は，図 2.18 の青線で示すような曲線になる．横軸はすべりであり，$S = 0$ で回転子の回転速度は回転磁界の回転速度と一致し，$S = 1$ で回転子の角速度は 0 である．この曲線のうち，グラフが右下がりの部分でモータを動作させる．

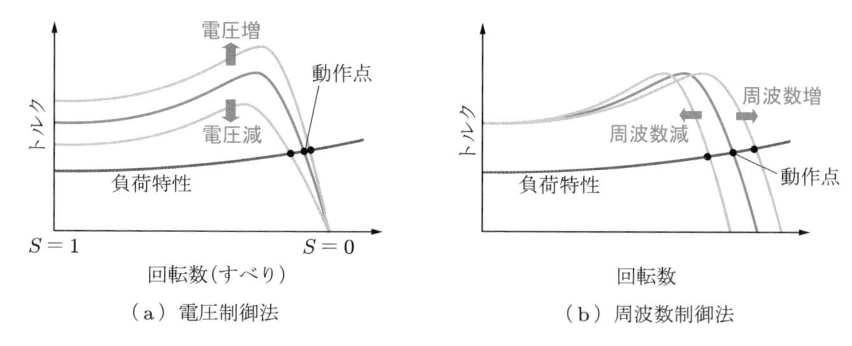

図 2.18　**誘導モータの特性と制御方法**

負荷特性が，図に示すような曲線だとすると，負荷特性と回転数 - トルク曲線の交点が動作点となる．この動作点を変更するのに，電圧を変化させる方法と，回転磁界の角速度，すなわち交流電流の周波数を変化させる方法の 2 種類がある．

電圧を変化させると，図 (a) のように，モータの特性が変化し，動作点が移動する．また，インバータを用いて交流周波数を変更させ，回転磁界の角速度を変化させると，図 (b) のように回転数 - トルク曲線が変化し，動作点が移動する．なお，図 (b) の横軸は回転数であり，すべりではない．これは，すべりが 0 の回転数（横軸と回転数 - トルク曲線の交点）が，交流周波数の変化とともに変化するからである．

(3) ブラシレス DC モータ

ブラシレス DC モータでは，位置検出センサと制御回路によって，式 (2.15) のトルク角 θ が 90° に近い値になるようになっており，大きなトルクを生成できる．その回転数 - トルク特性は，DC モータと同様である．

2.4 ステッピングモータ

2.4.1 ● 構造と原理

ステッピングモータ (stepper motor) は，入力するパルスの数に比例した回転角だけ回転するモータである．パルスで駆動するので，**パルスモータ** (pulse motor) ともよばれる．1パルスで回転する角度のことを**ステップ角** (step angle) とよび，各モータ固有の数値である．また，ステッピングモータは，回転角だけでなく，回転角速度がパルスの周波数に比例するという特性ももつ．このため，モータを望む角度で停止させたり，望む速度で回転させたりするのに，位置センサや速度センサを必要とせず，制御系が簡単に組めることが特徴である．ブラシがないため，保守も容易である．しかし，エネルギー効率があまりよくないという欠点もある．

負荷トルクが大きすぎたり，パルス周波数が大きすぎたりすると，脱調が起こり望みどおりの動きができなくなるので，モータ選定の際は使用する回転数とトルクに注意する必要がある．

応用分野としては，OA機器などが挙げられる．たとえば，インクジェットプリンタのインクや紙送り機構には，ステッピングモータが用いられている．

ステッピングモータには，VR型，PM型，ハイブリッド型の三種類がある．現在は，PM型とハイブリッド型が主流である．価格面ではPM型のほうが安い．

(1) VR型

VR（variable reluctance：**可変リラクタンス**）**型**は，固定子がコイルであり，回転子は鉄心である．磁気抵抗 (reluctance) がもっとも小さくなるように回転する．その原理を以下に述べる．たとえば，図2.19において，最初AとA′のコイルが励磁されていたとしよう．磁束は空気よりも鉄心の中のほうが通りやすいので，回転子の歯a，a′とコイルA，A′がもっとも近づいた状態が安定で，そのとき磁気抵抗が最小である．ここで，A-A′の励磁を止め，B-B′を励磁すると，BとB′に一番近いbとb′の歯がBとB′のコイルに近づき，もっとも近づいたところで停止する．図のように，コイルが30°おきに取り付けられており，回転子の歯が45°おきに取り付けられているとすると，このときのステップ角は，$45° - 30° = 15°$である．このとき，コイルCと歯cは15°ずれていることになるので，次にC-C′を励磁すると，cとc′の歯がCとC′のコイルにもっとも近づき，ステップ角15°で停止する．このように，励磁するコイルを次々に隣のコイルに変えることで，回転

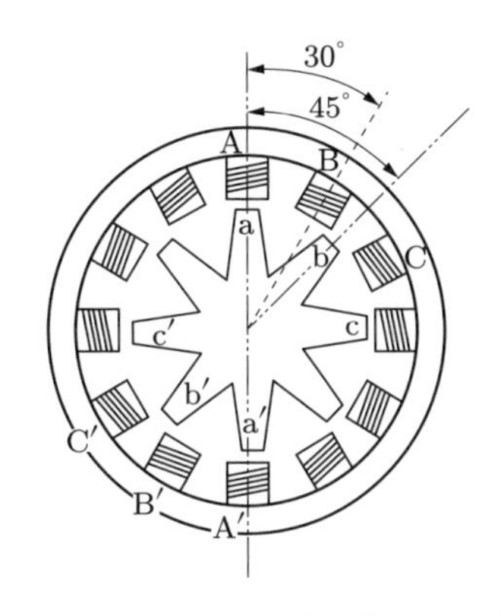

図 2.19 VR 型ステッピングモータの構造

子が回転する．

(2) PM 型

PM（permanent magnet：**永久磁石**）**型**の原理，構造は，図 2.20 に示すように同期型 AC モータと同じである．コイルを順番に励磁することにより，内部の永久磁石による回転子が回転する．回転子が永久磁石のため，モータを駆動していない場合でも，ある程度の力でその位置を保持することができる．これを保持トルクとよぶ．PM 型は回転子が永久磁石のため，VR 型より大きなトルクが出せる．

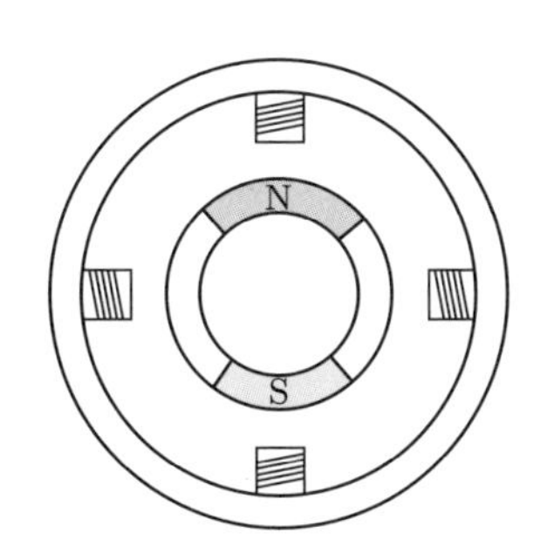

図 2.20 PM 型ステッピングモータの構造

(3) ハイブリッド型

ハイブリッド型は，回転子が永久磁石，固定子がコイルという点では PM 型と同じである．ハイブリッド型では，それに加えて回転子に歯が付けられているのが特徴である．図 2.21 に典型的な構造を示す．この図に示すように，回転子およびコイルに細かい歯が刻まれている．図では，永久磁石である回転子が二つある．この

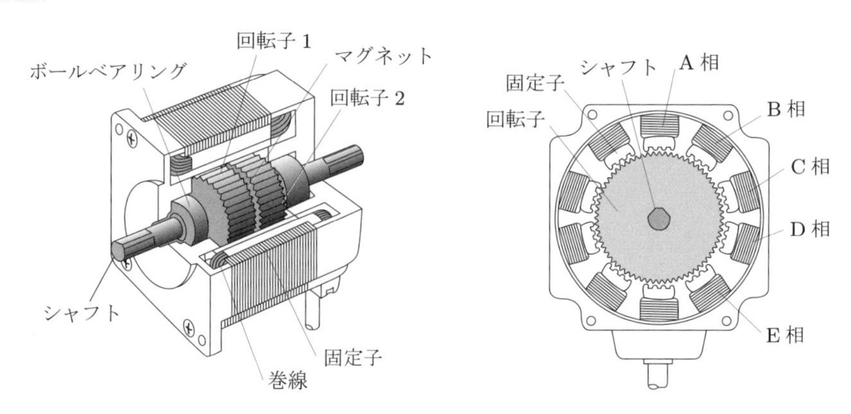

図 2.21　ハイブリッド型ステッピングモータの構造（オリエンタルモーター㈱提供）

二つの回転子の歯は，1/2 ピッチだけずれている．歯の数を 50 とすれば，歯と歯の間隔は 360°/50=7.2° となる．

図 2.22 に動作原理を示す．ここでは簡単化のため，回転する機構を直線的に移動する機構として考える．固定子 1 と 2 があり，永久磁石からなる N 極の回転子 1 と S 極の回転子 2 がある．回転子 2 は回転子 1 の奥にある．まず，固定子 1 のコイルを S 極に励磁すると，N 極である回転子 1 の歯が引き付けられる．固定子の歯とロータの歯の間隔は同じであるため，固定子 1 と回転子 1 の歯にずれはない．しかし，固定子 2 の歯と回転子 2 の歯は，ステップ角だけずれている．ここで，固定子 2 のコイルを N 極に励磁すると，S 極の極性をもつ回転子 2 が引き付けられ，

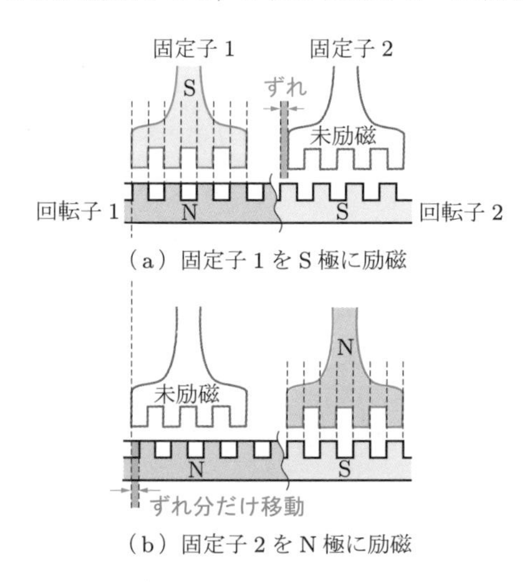

図 2.22　ハイブリッド型ステッピングモータの動作原理

ステップ角分だけずれることになる．ステップ角は，機械的なずれによって生み出されている．

2.4.2 ● 特性

ステッピングモータのトルク－回転数特性の概要を，図 2.23 に示す．**自起動領域**，**スルー領域** (slew region) およびその外側の三つの領域からなっている．自起動領域とスルー領域の境目は**引き込みトルク** (pull-in torque)，スルー領域とその外側との境目は**脱出トルク** (pull-out torque) とよばれている．自起動領域は，回転数 0，すなわちモータが停止している状況からいきなりその回転数で回し始めても，モータがその指令に追従する領域である．引き込みトルクは，パルス信号に同期して起動，停止ができる最大のトルクであるといえる．それに対し，脱出トルクは，ステッピングモータが入力パルス信号に同期して回転できる最大のトルクである．スルー領域では，自起動領域と異なり，モータが停止している状況からいきなりその回転数で回し始めると，モータがその指令に追従できず脱調を起こす．したがって，スルー領域で適切に回転させるためには，自起動領域で回転させてから，徐々に回転数を上げてスルー領域に移行する必要がある．

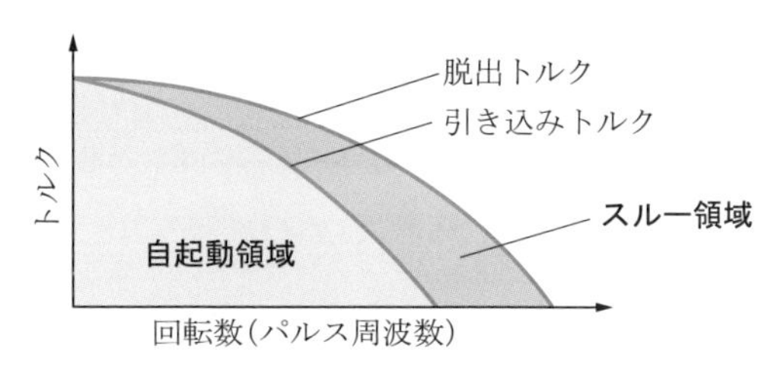

図 2.23 ステッピングモータの特性

2.4.3 ● 制御方法

ステッピングモータを制御するためには，PC 等からのパルス指令を，コイルの励磁に変換する制御回路が必要である．制御方法としてはおもに，**1 相励磁**，**2 相励磁**，**1-2 相励磁**がある．1 相励磁は，コイルを 1 相ずつ励磁する方式である．2 相励磁は，2 相ずつ励磁する方式である．2 相励磁は，1 相励磁よりも強力な磁力で吸引するので，トルクが大きい．1-2 相励磁は，A 相，AB 相，B 相というように，励磁するコイルを，1 個，2 個，1 個と変化させていく方式である．1-2 相励磁は，ほかの方式よりもなめらかな回転が得られる．

2.5 その他の電気アクチュエータ

これまでにとりあげた三つのモータに加えて，さまざまな電気アクチュエータが使われている．ここでは，代表的なものを以下に解説する．

2.5.1 ● ソレノイド

ソレノイド（solenoid，またはソレノイドアクチュエータ）の構造と外観を図2.24に示す．コイルに通電することにより，中のプランジャーが引っ張られ，直動する．ただし，通電をやめても自力でもとの位置に戻る力はないので，ばねなどで復帰させる．直動運動ができるので，プランジャーの先でスイッチを押したり，**リレー**として電子回路のスイッチに用いられたりする．

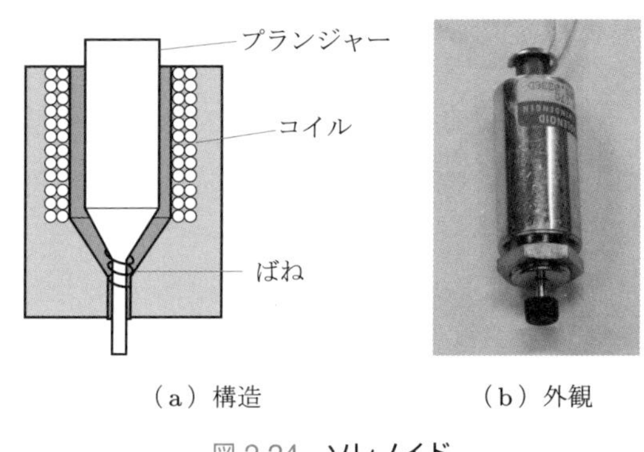

（a）構造　（b）外観

図2.24　ソレノイド

図2.25および図2.26にリレーの模式図と外観を示す．**図2.25**(a)のように，電源スイッチが入っていないときは接点1-2間が通電しているが，電源を入れると

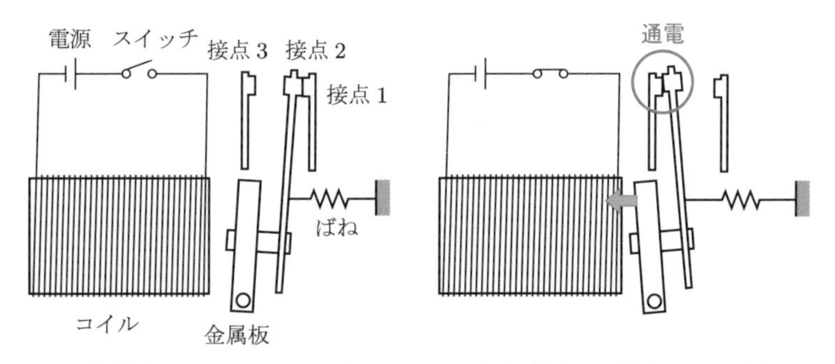

（a）接点1と接点2の通電時　（b）接点2と接点3の通電時

図2.25　リレーの模式図

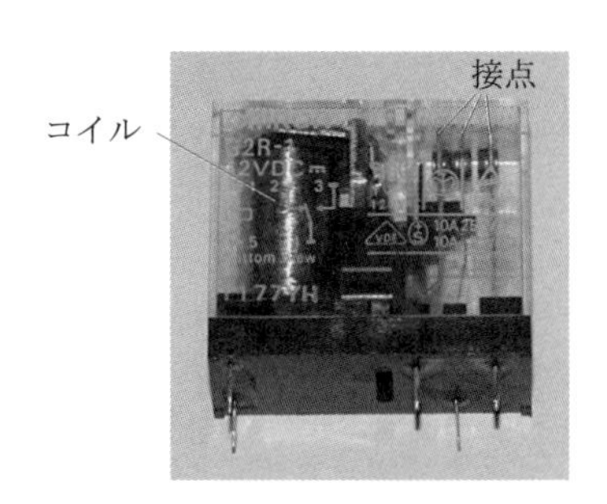

図 2.26 **リレーの外観**

コイルが電磁石となり，接点 2 とつながれた金属板を引っ張る．その結果，図 (b) のように接点 2 が接点 3 の端子につながり，接点 2-3 間が通電する．そして，電源スイッチが切られると，ばねの力で金属板と接点 2 がもとの位置に戻り，再び 1-2 間が通電した状態に戻る．

2.5.2 ● 圧電アクチュエータ

一部のセラミックなどの材料は，電圧をかけるとひずみを生じ，変形する性質がある．これを圧電効果とよび，圧電効果を生じる材料を用いた素子を圧電素子とよぶ．**圧電アクチュエータ**（piezo actuator，またはピエゾアクチュエータ）は，この圧電効果を利用している．圧電素子単体でのひずみ量は小さいため，図 2.27 に示す積層型とバイモルフ型の 2 種類がおもに用いられている．

積層型は圧電素子を積み重ねた構造をもっており，これに図 (a) のように電圧をかけることによって，上下方向に大きな変位を得る．これに対してバイモルフ型は，図 (b) のように金属板の表と裏に 2 枚の圧電素子（圧電セラミック板）を貼り合わせ，金属板を基準電位として，圧電セラミック板に電圧をかけることによって，変形を生じさせる．

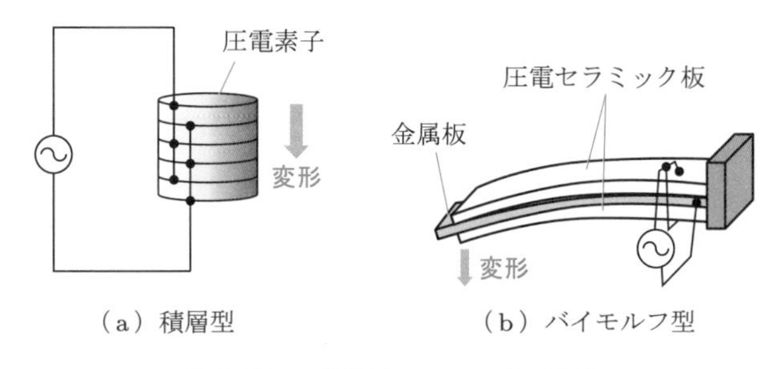

図 2.27 **圧電アクチュエータの構造**

圧電アクチュエータは，インクジェットプリンタのインクの吐出に用いられているほか，交流電圧をかけて振動させ，第4章で述べるジャイロセンサにも応用されている．

2.5.3 ● 超音波アクチュエータ

超音波アクチュエータの原理図を，図 2.28 に示す．固定子に取り付けられた圧電セラミックに交流電圧をかけ振動させると，固定子には定在波が生じる．これに加えて別の圧電セラミックに位相がずれた交流電圧をかけると，二つの定在波の合成として固定子上に進行波が生じる．このとき固定子表面上の点は，図のように楕円運動している．回転子はある一定の圧力で固定子に押し付けられており，楕円運動に伴う摩擦力により固定子の進行波とは逆方向に移動する．

超音波アクチュエータは静音性が高いなどの特徴があり，形が比較的自由にとれるので，さまざまな分野で応用されている．たとえば，一部のメーカの一眼レフカメラの交換レンズにおいて，ピント調整でレンズを移動させるために使われている．

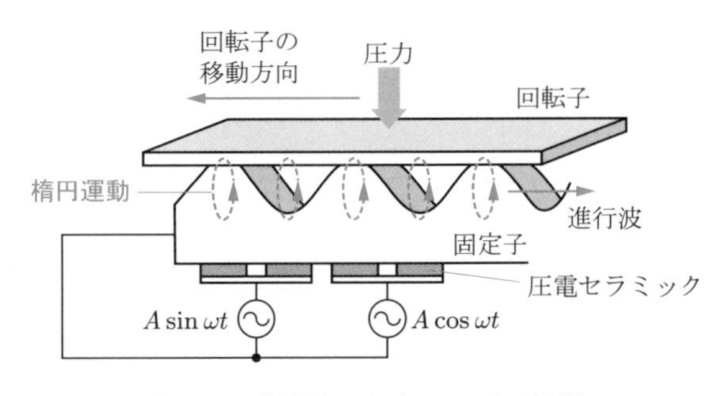

図 2.28　**超音波アクチュエータの原理**

2.6 油圧アクチュエータ

2.6.1 ● 構造と原理

油圧アクチュエータ (hydraulic actuator) は，文字どおり油圧を用いたアクチュエータである．力/重量比が大きいため，過去にはヒューマノイドロボットの脚部に用いられていたりした．現在でも，パワーショベル等の重機で使われている．原理は，作動流体である油の圧力差を用いる．図 2.29 に原理図を示す．ピストンで負荷を押す場合を考える．右側および左側の流体の圧力をそれぞれ p_a，p_b とすると，圧力差 Δp は次式で表される．

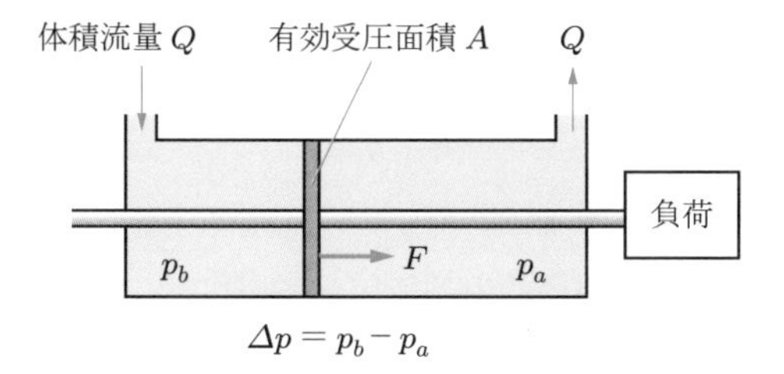

図 2.29 油圧アクチュエータの原理

$$\Delta p = p_b - p_a \tag{2.16}$$

ピストンの有効受圧面積を A とすれば，ピストンにかかる力は

$$F = \Delta pA \tag{2.17}$$

である．体積流量を Q とすれば，流体の流速 v は

$$v = \frac{Q}{A} \tag{2.18}$$

である．このときピストンも同じ速さ v で動くから，このピストンが負荷に対してする仕事率 W は

$$W = Fv = Q\Delta p \tag{2.19}$$

である．

油圧アクチュエータの種類には，**図 2.29** のようなシリンダのほかに，回転力を得る**油圧モータ**がある．代表的な油圧モータを，以下に説明する．

(1) 歯車モータ

図 2.30 に示すように，二つの歯車がかみ合った機構である．油が図の左から流

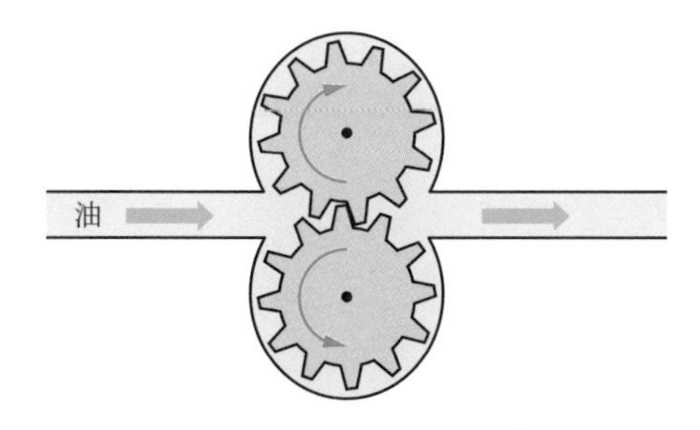

図 2.30 歯車モータ

入すると，圧力差から歯車が図の矢印の方向に回転する．歯車モータでは，回転方向に注意する必要がある．

(2) ピストンモータ

ラジアル型**ピストンモータ** (piston motor) を，図 2.31 に示す．流体がピストンを押し，偏心カムを回転させる．たとえば，①のピストンにかける圧力を上げ，次に②の圧力を上げる．そして同時に③，④とピストンにかける圧力を下げれば，偏心カムは反時計回りに回転する．また，図 2.32 のように，ピストンの運動を斜板の回転に変換する斜板型ピストンモータもある．これは，油圧による力と斜板からの反力の合力によって，ピストンが斜板に沿ってすべり落ちようとする力が生じる．これによってシリンダブロックを回転させる仕組みである．

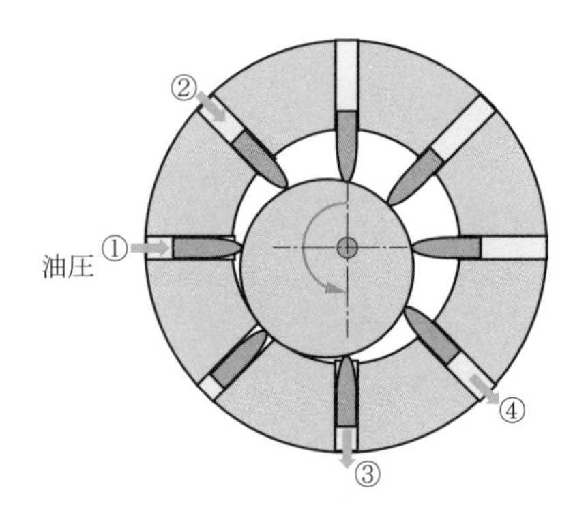

図 2.31　ラジアル型ピストンモータ

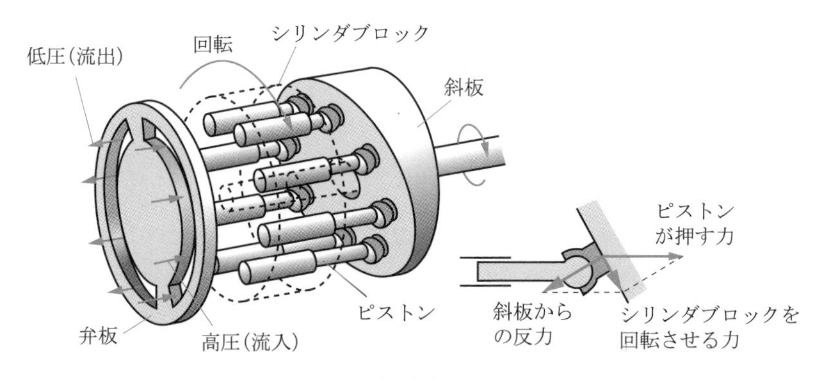

図 2.32　斜板型ピストンモータ

(3) ベーンモータ

ベーンモータ (vane motor) は，図 2.33 のように，伸縮するベーン（羽）が流体の圧力を受けて回転する．

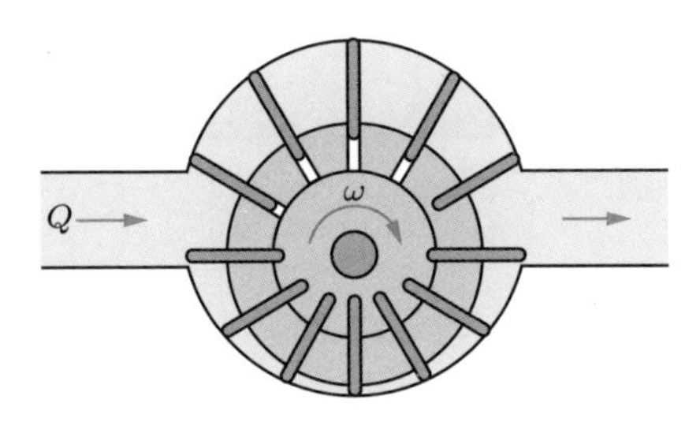

図 2.33 ベーンモータ

ベーンモータにおいて，体積流量を Q，1 回転あたりの流体の体積を V，入口と出口の圧力差を Δp，得られるトルクを T，回転角速度を ω とすれば，1 回転あたりの仕事は，

$$2\pi T = V\Delta p \tag{2.20}$$

となる．また，回転角速度は

$$\omega = 2\pi\frac{Q}{V} \tag{2.21}$$

である．よって，仕事率 W は

$$W = \omega T = Q\Delta p \tag{2.22}$$

となり，式 (2.19) と同じになる．なお，この式では効率を 100%としているが，摩擦などの影響により実際には 100%伝達することは不可能であり，ある効率で伝達することになる．

2.6.2 ● 制御方法

油圧制御システムは，電気アクチュエータに比べてかなり大がかりとなる．システムの一例を図 2.34 に示す．作動流体である油を，タンクからポンプによって吸い上げる．その際，フィルタを通して，油内にあるゴミが入らないようにする．圧力が高すぎるときは，リリーフ弁で油タンクに油を戻す．その後，制御弁で油を流入させる方向や流量を変えることによって，油圧アクチュエータを駆動する．排出

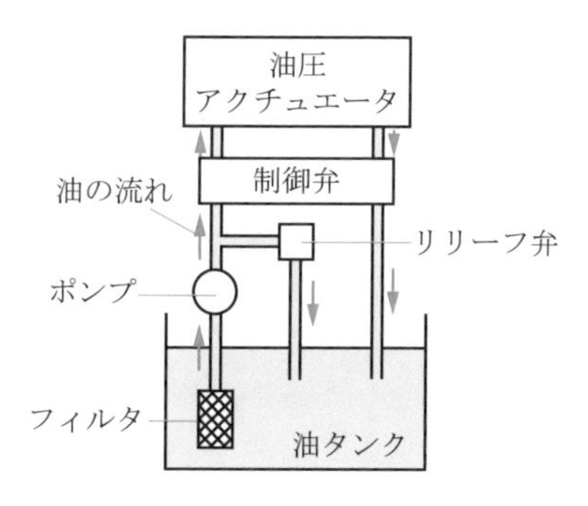

図 2.34　**油圧システム**

される油は，制御弁を通って再び油タンクに戻される．

制御弁の一例として，ノズルフラッパ型の**サーボバルブ**の原理を図 2.35 に示す．まず，図 (a) の中立状態で電磁石のコイルを励磁し，永久磁石を回転させる．する

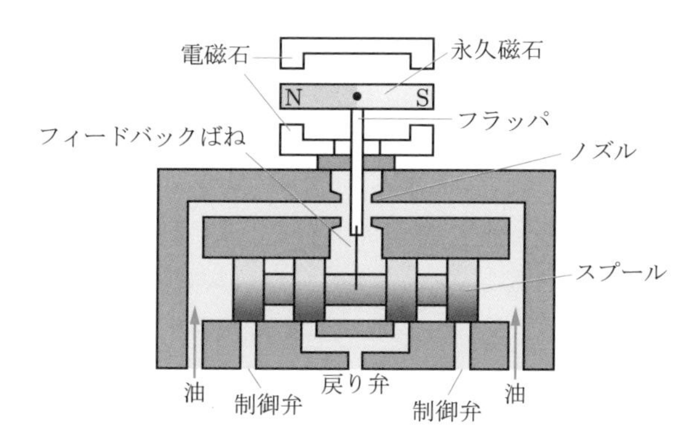

（a）中立状態

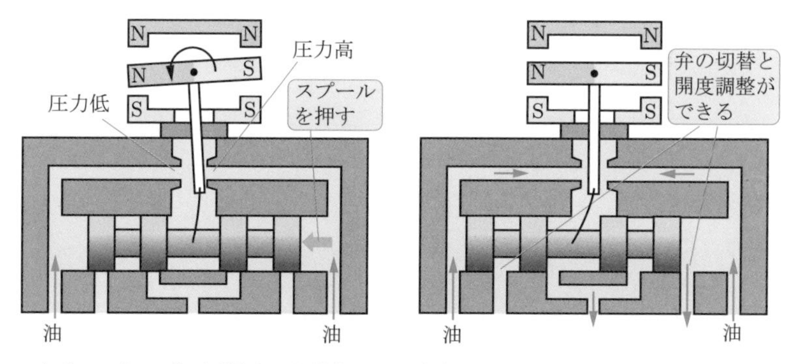

（b）ノズルの背圧が異なった状態　　（c）フラッパが中立位置に戻った状態

図 2.35　**サーボバルブの原理**

とフラッパが動き，その結果，左右のノズルに圧力差が生じる．図 (b) の場合では，右側の圧力が上昇する．すると，流体は右側のノズルではなくスプールのほうに流れ，スプールを左に押す．スプールが変位すると，フィードバックばねにより，コイルによるトルクとは逆方向の力がフラッパにかかり，図 (c) のようにフラッパは中立位置まで戻る．この結果，ノズルの両側の圧力は同じになる．このようにスプールの動きを制御することで，弁の切替と開度の調整ができる．

2.7　空気圧アクチュエータ

2.7.1 ● 構造と原理

空気圧アクチュエータ (pneumatic actuator) の原理は，基本的には油圧アクチュエータと同様であるが，油圧と異なり，作動流体である空気が圧縮性をもつため，精密な位置決めには向かない．これは，外力により空気が圧縮され，ピストンなどのアクチュエータの位置が変化してしまうからである．ピストンとシリンダによるアクチュエータは，電車のドアの開閉などに用いられる．ドアに障害物が挟まっても，ピストンがずれることにより，その障害物を押しつぶすことはない．

また，ゴムを用いた**マッキベン型アクチュエータ**があり，**人工筋**としてロボットに応用されている．マッキベン型アクチュエータは，図 2.36 に示すように，ゴム製の内部チューブと，それを取り巻くようにらせん状に編まれた繊維から構成される．これに空気を流入させると，軸と垂直方向に膨張し，軸方向に収縮する．収縮

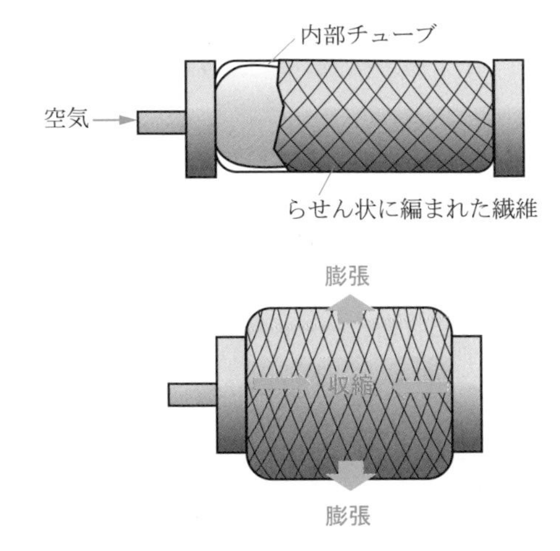

図 2.36　マッキベン型アクチュエータ

する方向にしか力を出せないが，人間の筋に近い特性をもつとされている．

2.7.2 ● 制御方法

空気圧アクチュエータの制御システムも，油圧アクチュエータと同じように，比較的大がかりなものとなる．まず，圧縮機 (compressor) で圧縮空気を作る．これは，大気圧ではアクチュエータを駆動することは難しく，高い圧力の空気が必要なためである．圧縮空気は温度が高いので，アフタークーラーで空気の温度を下げ，タンクに圧縮空気を貯める．タンクは，圧力脈動（圧力が変動すること）の吸収にも役立つ．ドライヤーで圧縮空気を乾燥し，フィルタで不純物を除去する．そして，減圧弁でアクチュエータが必要とする一定の供給圧力に調整し保持する．

空気圧を制御するための機器として，**電空レギュレータ**がある（図 2.37）．この内部には圧力センサが内蔵されており，排出される空気の圧力を，コンピュータ等からの電気信号で指定される値に制御することができる．

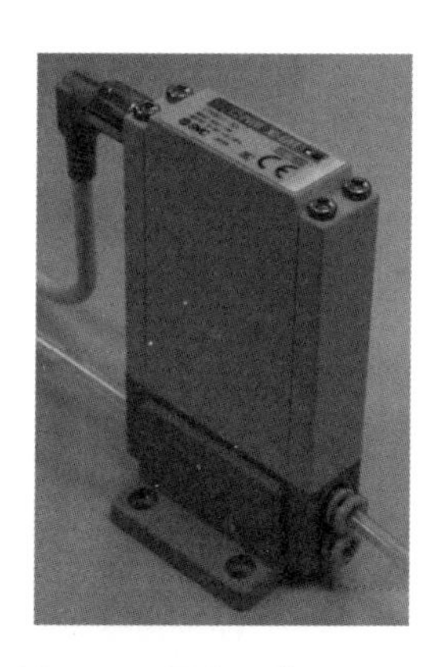

図 2.37　**電空レギュレータ**

章末問題

2.1　同程度の大きさのモータであれば，**図 2.1** の原理図で示した回転子のほうが，鉄心のある**図 2.4** の回転子より，回転部分の慣性モーメントは小さい．慣性モーメントが小さいことは，どのような用途で使う場合有利であるか．また，その理由は何であるか．

2.2　できるだけトルク定数の大きい DC モータを作ろうとした場合，どのようにすればよいか説明せよ．

2.3　トルク定数と逆起電力定数は理論的には同じ値をとる．このことを，**表 2.1** の値から確認せよ．また，両者の単位についても考察せよ．なお，**表 2.1** において逆起電力定数は，回転数定数の逆数である．

2.4　式 (2.11) から式 (2.12) を導出せよ．

2.5　誘導型の AC モータでは，式 (2.14) に示すように，$\omega < \omega_r$ である．では，なぜ $\omega = \omega_r$ とはならないのか，理由を述べよ．

2.6　AC モータの回転磁界の回転数を変化させるためにインバータを使うことがある．モータ制御に用いるインバータについて調べよ．

2.7　ステッピングモータを使った駆動に適した用途について説明せよ．

2.8　PWM 方式について説明せよ．

第3章 機械伝達機構

第2章で解説したアクチュエータで得られたトルクや力は，機械伝達機構を通じて適切な大きさや方向のトルクや力に変換され，メカトロニクス機器の機構を駆動する．本章では，機械伝達機構として減速機構に着目し，まず，減速機構としてもっとも一般的に用いられる歯車の理論的な背景を説明する．そして，いくつかの特徴のある歯車機構や，歯車以外の機械伝達機構を紹介する．

3.1 メカトロニクスと減速機構

アクチュエータと負荷との間には，**機械伝達機構**が使われる．これには，回転数とトルクの調整，および回転軸方向の変更という役割がある．

アクチュエータのうち，とくに電気モータは，トルクが小さく回転速度が大きい場面が得意である．しかし，たとえばヒューマノイドロボットの腕の関節が高速で回転し続けることはまれで，加減速を繰り返すことが多い．このような加減速の多い運転を行うためには，大きなトルクが必要である．そのため，歯車を用いて負荷の回転速度を下げる代わりにトルクを増大させる．この場合，機械伝達機構は**減速機構**として用いられる．

また，モータなどの動力源によって機構を駆動する際，その回転軸と実際に回転させたい軸が一致するとは限らず，回転軸の方向を変更したい場合がある．あるいは，回転運動を直線運動に変換したい場合もある．この場合も，歯車等の機構を用いて回転軸方向や運動方向の変換を行う．

メカトロニクスにおいてよく用いられる機械伝達機構として，以下の三つが挙げられる．

- **歯車機構**：もっとも一般的な機械伝達機構である．2個以上の歯車を組み合わせて，動力を伝達する．
- **ベルト・プーリ機構**：二つのプーリに巻き付けたベルトによって動力を伝達する．プーリとベルトに歯が付いているものは，動力をより確実に伝達できる．
- **ボールねじ機構**：ねじとナットの仕組みを利用して，回転運動を直線運動に変換する．

減速機構には，確実にトルクや力を伝達できることが求められる．上記以外の機械伝達機構としては，摩擦車のように，摩擦力で力を伝達するものがある．しかし，摩擦車は，すべりが生じて軸が空転する可能性があるため，使用する場合は注意が必要である．

3.2　歯車の理論

3.2.1 ● 歯形曲線

歯車の歯形の基になる曲線を歯形曲線といい，おもにインボリュート曲線とサイクロイド曲線の二つがある．このうち，工業的によく用いられるのはインボリュート曲線である．図 3.1 に，その概略を示す．円に巻き付いた糸を，点 A からたるまないように引っ張りながらほどいていく．この円を基礎円とよぶ．このとき，糸の先端が描く曲線が**インボリュート曲線**であり，これを歯形に用いた歯車を，インボリュート歯車という．**図 3.1** では，円弧 AB と線分 BC は同じ長さである．また，直線 BC はつねに基礎円の接線になる．

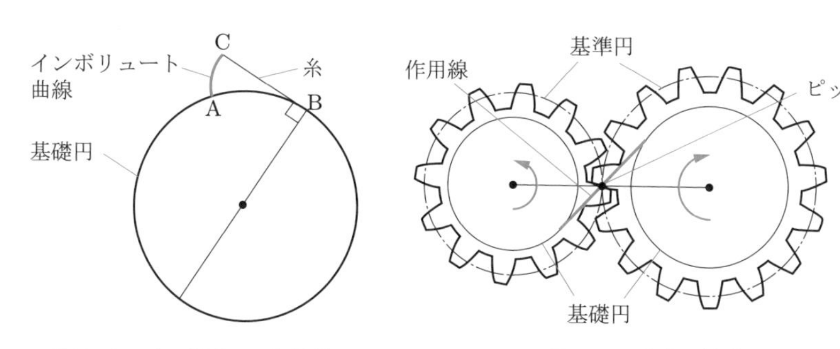

図 3.1　**インボリュート曲線**

図 3.2　**歯車の基礎**

二つの歯車の歯の接触点は，図 3.2 に示すように，二つの基礎円の共通接線に沿って移動していく．これを作用線とよび，作用線と二つの基礎円の中心を結んだ線分との交点をピッチ点とよぶ．このピッチ点を通り，二つの基礎円の中心をそれぞれの中心とする円を基準円とよぶ．歯車は，仮想的には，基準円を断面にもつ円柱どうしがピッチ点で接し，すべらずに摩擦伝動していると考えることができる．

3.2.2 ● モジュール

歯車はさまざまなパラメータで製作でき，自分で設計することも可能であるが，正確にかみ合うように歯車を一から設計するのは手間がかかる．そこで，規格化された歯車をうまく組み合わせることで，所望のトルク伝達を行う場合が多い．この，規格化された歯車を**標準歯車**といい，その歯の大きさを表す規格値として用いられるのが，**モジュール**（module）である．これは，歯車の歯数を z，基準円直径を d とすれば，次式で定義される．

$$m = \frac{d}{z} \tag{3.1}$$

また，標準歯車では，基準円から歯先までの距離は m である（図 3.3）．

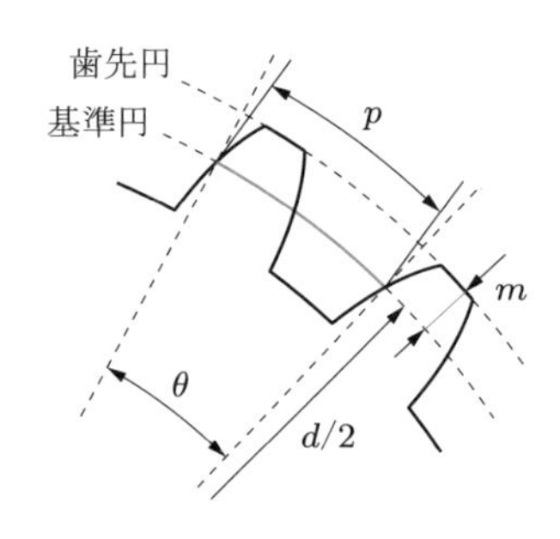

図 3.3　**モジュール**

このモジュールの意味をもう少し考えてみよう．**図 3.3** に示すように，θ をある歯から次の歯までの角度，d を基準円直径，z を歯車の歯数とする．ここで $\theta = 2\pi/z$ である．これに基準円の半径 $d/2$ をかければ，モジュール m とピッチ p の関係が次式のように得られる．

$$p = \theta\frac{d}{2} = \frac{\pi d}{z} = \pi m \tag{3.2}$$

ここで，$\pi d/z$ は基準円の円周を歯数で割った値であり，p に等しい．

このように，モジュールは歯車の歯と歯の間の距離に比例し，モジュールが異なる歯車はかみ合わない．

3.2.3 ● 減速比と速度，トルクの関係

図 3.4 において，負荷側，モータ側のトルクを T_L，T_M，角速度を ω_L，ω_M，基準円の半径を r_L，r_M とする．歯車がかみ合っている部分では，基準円における接線速度 V は同じでなければならないので，

$$V = r_\mathrm{M}\omega_\mathrm{M} = r_\mathrm{L}\omega_\mathrm{L} \tag{3.3}$$

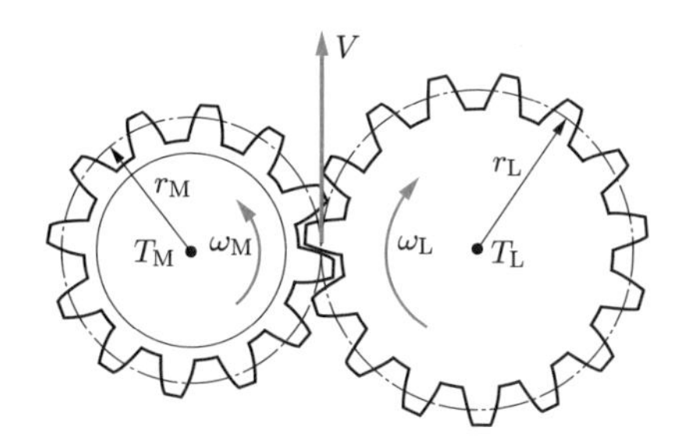

図 3.4　**減速比とトルク，速度の関係**

である．これから，

$$\frac{\omega_M}{\omega_L} = \frac{r_L}{r_M} \tag{3.4}$$

である．ここで，式 (3.1) より，モジュールが同じならば歯数と基準円半径は比例するので，負荷側とモータ側の歯車の歯数をそれぞれ z_L，z_M とすれば，

$$\frac{\omega_M}{\omega_L} = \frac{z_L}{z_M} \tag{3.5}$$

となる．z_L/z_M は**ギヤ比** (gear ratio)，または**減速比** (reduction ratio) とよばれ，本書では λ で表す．通常は $z_L > z_M$ であり，$\lambda > 1$ である．

また，モータからのトルク T_M は，基準円上で，力 $F = T_M/r_M$ を出力できる．この力が 100%負荷側に伝達できたとすれば，$F = T_L/r_L$ だから，次式が成立する．

$$F = \frac{T_L}{r_L} = \frac{T_M}{r_M} \tag{3.6}$$

$$T_L = \frac{r_L}{r_M} T_M \tag{3.7}$$

よって，トルクは次式で表される．

$$T_L = \lambda T_M \tag{3.8}$$

通常は，$\lambda > 1$ であり，ギヤ比倍だけトルクが増大することになる．しかし，実際には摩擦などの損失があり，単純に λ 倍されるわけではなく，ある効率 η でトルクが伝達される．

$$T_L = \eta\lambda T_M \tag{3.9}$$

この効率は，歯車の種類によって異なる．

これに対して，回転角を θ_{L}，θ_{M} とすると，歯車がかみ合う距離であるピッチは等しくなければならないから，

$$\theta_{\mathrm{L}} r_{\mathrm{L}} = \theta_{\mathrm{M}} r_{\mathrm{M}} \tag{3.10}$$

である．ゆえに，

$$\theta_{\mathrm{L}} = \frac{r_{\mathrm{M}}}{r_{\mathrm{L}}}\theta_{\mathrm{M}} = \frac{\theta_{\mathrm{M}}}{\lambda} \tag{3.11}$$

となり，負荷側の回転角度はモータ側の $1/\lambda$ となる．角速度や角加速度も同様で，

$$\omega_{\mathrm{L}} = \frac{\omega_{\mathrm{M}}}{\lambda} \tag{3.12}$$

$$\ddot{\theta}_{\mathrm{L}} = \dot{\omega}_{\mathrm{L}} = \frac{\dot{\omega}_{\mathrm{M}}}{\lambda} = \frac{\ddot{\theta}_{\mathrm{M}}}{\lambda} \tag{3.13}$$

となる．以上をまとめると，負荷側では，モータのトルクが $\eta\lambda$ 倍されるのに対して，回転角や回転角速度は $1/\lambda$ となる．

3.2.4 ● 負荷のモータへの影響

次に，負荷がモータへどのような影響を与えているか考えてみよう．ここでは，モータのトルクが 100%伝達されているとする．

図 3.5 のように，慣性モーメント J_{L} の負荷を角加速度 $\ddot{\theta}_{\mathrm{L}}$ で動かすことを考えよう．負荷を動かすために必要なトルク T_{L} は次式で求められる．

$$T_{\mathrm{L}} = J_{\mathrm{L}}\ddot{\theta}_{\mathrm{L}} = \frac{J_{\mathrm{L}}}{\lambda}\ddot{\theta}_{\mathrm{M}} \tag{3.14}$$

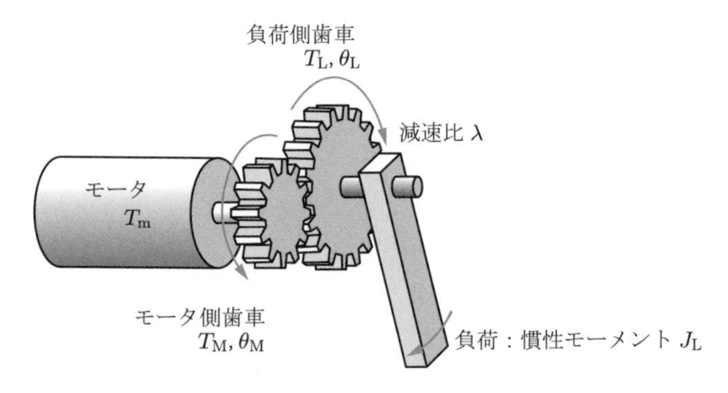

図 3.5　減速比とトルク，速度の関係

ここで，モータの出力すべきトルクを T_m，モータ側歯車のトルクを T_M，モータの回転子の慣性モーメントを J_M とすれば，モータ自身を回転させるために必要なトルクは $J_\mathrm{M}\ddot{\theta}_\mathrm{M}$ で，式 (3.8) より $T_\mathrm{M} = T_\mathrm{L}/\lambda$ であるから，次式が成立する．

$$T_\mathrm{m} = J_\mathrm{M}\ddot{\theta}_\mathrm{M} + \frac{T_\mathrm{L}}{\lambda} = \left(J_\mathrm{M} + \frac{J_\mathrm{L}}{\lambda^2}\right)\ddot{\theta}_\mathrm{M} \tag{3.15}$$

$J_\mathrm{M} + J_\mathrm{L}/\lambda^2$ を，モータ軸換算慣性モーメントとよぶ．このように，モータ側から見た負荷の慣性モーメントを $1/\lambda^2$ 倍と小さく見積もることができる．これも減速機構を用いる大きな要因の一つである．もし減速機構を用いないとすると，負荷変動が直接モータに影響し，希望どおりの動きにならない可能性もある．

3.2.5 ● 最適ギヤ比

では，ギヤ比はどのように決めたらよいのだろうか．その一つの指針として，以下に述べる**最適ギヤ比**の考え方がある．$\ddot{\theta}_\mathrm{M} = \lambda\ddot{\theta}_\mathrm{L}$ より，式 (3.15) を変形すると次式のようになる．

$$T_\mathrm{m} = \left(\lambda J_\mathrm{M} + \frac{J_\mathrm{L}}{\lambda}\right)\ddot{\theta}_\mathrm{L} \tag{3.16}$$

この式において，角加速度 $\ddot{\theta}_\mathrm{L}$ が与えられたとき，T_m を最小とするようなギヤ比を求めてみよう．式 (3.16) を λ で微分して $\mathrm{d}T_\mathrm{m}/\mathrm{d}\lambda = 0$ となる λ を求めると，以下の最適ギヤ比 r_o が求められる．

$$r_\mathrm{o} = \sqrt{\frac{J_\mathrm{L}}{J_\mathrm{M}}} \tag{3.17}$$

すなわち，モータ回転子と負荷の慣性モーメントの比の平方根になるようにギヤ比を定めると，モータに必要なトルクが最小となる．負荷変動がある場合などは厳密には最小にはならないが，一つの指針にはなる．

3.2.6 ● バックラッシュ

歯車が正常にかみ合って動作するためには，ある程度の「遊び」が必要である．完全にかみ合ってしまうと歯車は動かない．このことは逆に，モータが止まっていても負荷側からギヤを遊び分だけ動かせるということである．これを**バックラッシュ** (backlash) とよぶ．バックラッシュがあると，正確な位置決めができないなどの問題が生じてしまう．これに対しては，歯車の軸間距離を正確にとるなどの工夫で遊びをできるだけ小さくするか，次節で述べるハーモニックドライブ®を用いるなどの工夫が必要となる．

3.3 歯車減速機構

3.3.1 ● 歯車の種類

おもな歯車の種類を図3.6に示す．**平歯車**は，もっともよく使われる代表的な歯車で，平行な回転軸をもつ．**はすば歯車**も回転軸は平行であるが，歯が斜めの方向に切ってあり，それだけ歯がかみ合う面積が大きいため大きな力を伝達できる．**やまば歯車**は歯の形がV字状になっており，より強い力を伝達できる．**内歯車**は次節で述べるように遊星歯車に応用される．**ラック**と**ピニオン**は，回転運動を直線運動に変換できる．

すぐばかさ歯車は，軸が90度交差しており，回転軸の方向を変えるのに利用さ

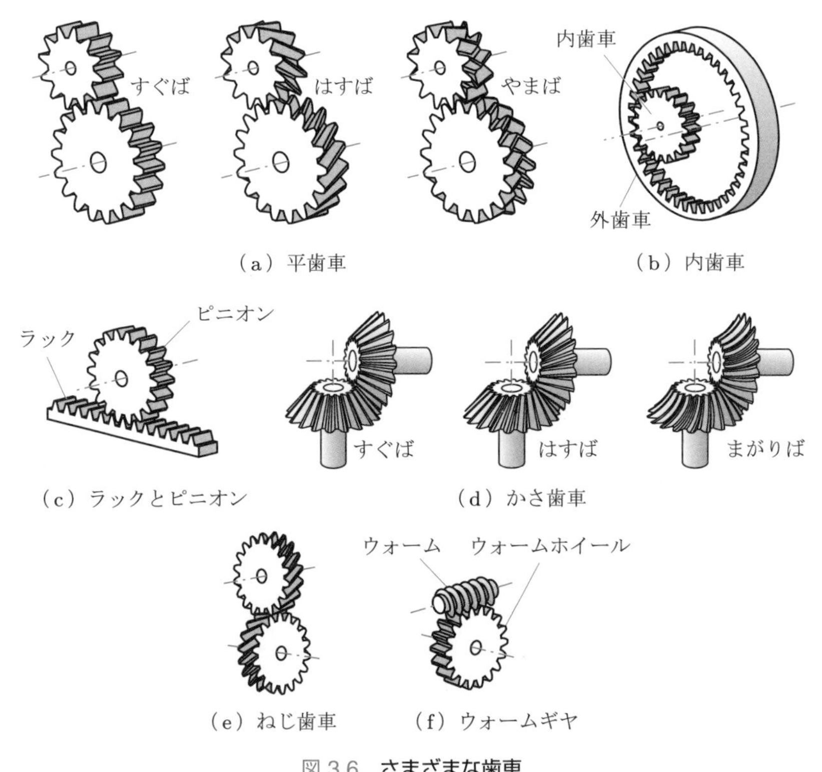

図3.6　さまざまな歯車

れる．**はすばかさ歯車**は，平歯車と同様に歯が斜めの方向に切ってある．**まがりばかさ歯車**は，歯が曲線を描いており，よりなめらかな回転が可能である．

ねじ歯車は軸が平行でなく，かつ交差しない．このため，運動の方向を変えるのに使われる．また，**ウォームギヤ**は，ウォームを回転させることでウォームホイールを回転させる．しかし，ほかの歯車と異なり，ウォームホイール側からウォームを回転させることはできない．ウォームギヤは１段で大きな減速比を得ることが可能である．

3.3.2 ● 遊星歯車機構

歯車を応用した例として，**遊星歯車機構** (planetary gear) がある．図 3.7 にその概念図を示す．**太陽歯車** (sun gear) の周りに遊星歯車があり，遊星歯車は内歯車とかみ合っている．内歯車は通常，ハウジングに固定されている．遊星歯車の回転中心は移動可能である．太陽歯車，遊星歯車，内歯車の基準円直径と歯数を，それぞれ d_s，d_p，d_f，z_s，z_p，z_f とすれば，歯車の歯数は歯車直径に比例することから次式が成立する．

$$d_f = d_s + 2d_p \tag{3.18}$$

$$z_f = z_s + 2z_p \tag{3.19}$$

また，太陽歯車が反時計方向に ω_s の角速度で回転すると，遊星歯車は図のように時計方向に回転（自転）し，かつ反時計方向に公転する．よって，遊星歯車の回転中心を結んだ図の三角形は，反時計方向に回転することになる．このときの，遊星歯車の自転の角速度を ω_p，公転の角速度を ω_c とすれば，基準円の接点における速

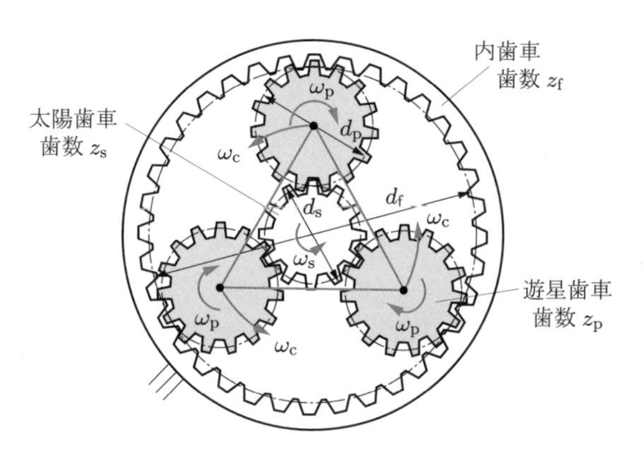

図 3.7 遊星歯車装置による減速機

度の関係より，次式が成立する．

$$\left(\frac{d_{\mathrm{s}}}{2} + d_{\mathrm{p}}\right)\omega_{\mathrm{c}} = \frac{d_{\mathrm{p}}}{2}\omega_{\mathrm{p}} \tag{3.20}$$

$$\frac{d_{\mathrm{s}}}{2}\omega_{\mathrm{s}} = \frac{d_{\mathrm{p}}}{2}\omega_{\mathrm{p}} + \frac{d_{\mathrm{s}}}{2}\omega_{\mathrm{c}} \tag{3.21}$$

式 (3.20) は，遊星歯車と内歯車の基準円の接点における速度成分についての式，式 (3.21) は，太陽歯車と遊星歯車の基準円の接点における速度成分の式である．以上 2 式より，減速比 λ が以下のように求められる．

$$\lambda = \frac{\omega_{\mathrm{s}}}{\omega_{\mathrm{c}}} = \frac{2(d_{\mathrm{s}} + d_{\mathrm{p}})}{d_{\mathrm{s}}} = \frac{2(z_{\mathrm{s}} + z_{\mathrm{p}})}{z_{\mathrm{s}}} \tag{3.22}$$

遊星歯車列を用いない平歯車のみの単純な減速機では，減速比は $z_{\mathrm{p}}/z_{\mathrm{s}}$ となるが，式 (3.22) ではそれよりも大きな減速比になっていることがわかる．

また，大きな減速比を得られる以外に，遊星歯車が三つあれば 3 点で接しているので，支えるべき荷重が約 1/3 になるという利点ももっている．しかし，かみ合う歯車が多いということは，摩擦などによる損失が多く，大きな騒音が発生するという欠点ももつ．

3.3.3 ● ハーモニックドライブ® （波動歯車装置）

ハーモニックドライブ®†は，㈱ハーモニック・ドライブ・システムズ社の登録商標で，一般的には波動歯車装置とよばれる機構である．とくにロボットの関節等によく使われているので，少し詳しく解説する．

図 3.8 に示すように，ハーモニックドライブ® は三つの要素から構成され，それぞれウェーブ・ジェネレータ，フレクスプライン，サーキュラ・スプラインとよばれる．サーキュラ・スプラインの内側およびフレクスプラインの外側には歯が加工されており，歯の数は，フレクスプラインのほうがサーキュラ・スプラインよりも 2 個少ない．また，ウェーブ・ジェネレータは楕円形をしており，フレクスプラインは弾性変形するようにできている．サーキュラ・スプラインは円形である．

図 3.9 に，その動作の概要を示す．まず，図 (a) のように，サーキュラ・スプラインとフレクスプラインは，上下 2 箇所でかみ合っている．この状態でウェーブ・ジェネレータを回転させると，かみ合いの位置が次第にずれていき，1 回転すると

† ハーモニックドライブ® の機構の詳細は下記の URL を参照．
https://www.hds.co.jp/products/hd_theory/

フレクスプライン

ウェーブ・ジェネレータ

サーキュラ・スプライン

図 3.8　ハーモニックドライブ® の構造
(㈱ハーモニック・ドライブ・システムズ提供)

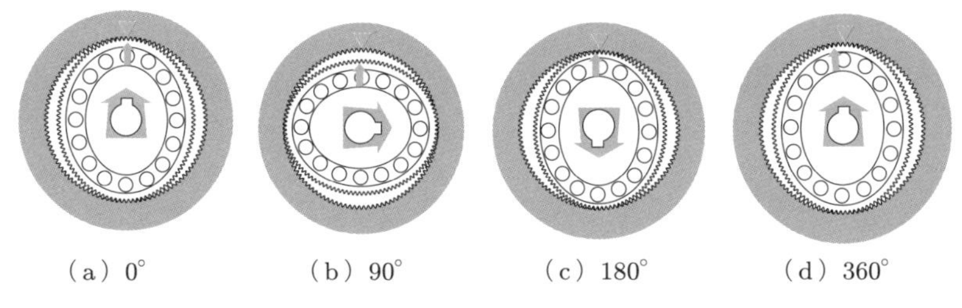

図 3.9　ハーモニックドライブ® の原理（㈱ハーモニック・ドライブ・システムズ提供）

かみ合いの位置が 2 個ずれることになる．すなわち，ウェーブ・ジェネレータを入力側，フレクスプラインを出力側として，高い減速比が得られる．

この歯車機構は平歯車や遊星歯車装置よりも価格がやや高いが，高減速比を比較的小さなスペースで実現でき，ノンバックラッシュという特徴がある．前述のように，ロボットの関節によく使われている．

3.4　ベルト・プーリ機構

ベルト・プーリもさまざまな分野で用いられている動力伝達機構である．図 3.10 にその概念図を示す．モータと負荷側の軸にそれぞれプーリとよばれる円板を取り付け，それらのプーリをゴムなどでできたベルトで接続する．モータと負荷の軸間距離がそれほど正確でなくともよいという特徴がある．ただし，確実に動力を伝達するために，アイドラもしくはテンショナーとよばれる，ベルトの張力を調整する機構が必要である．派生型として歯付きプーリと歯付きベルトがあり，これはプー

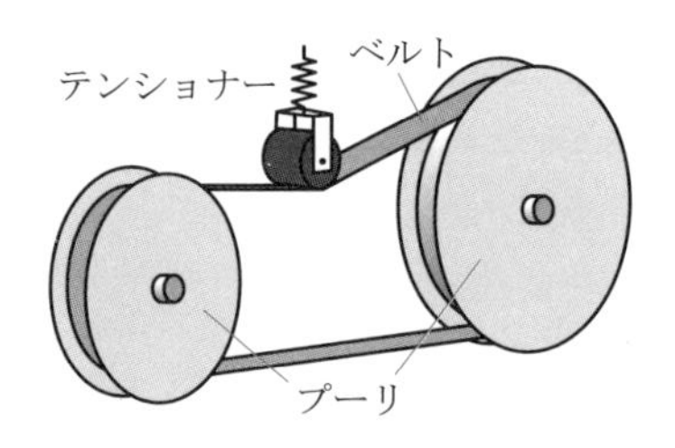

図 3.10　**ベルト・プーリ機構**

リとベルトの間のすべりを防止できる．ベルト・プーリ機構はベルトコンベアや自動車のタイミングベルトなどに使われている．とくに，歯付きベルト・プーリはロボットの関節駆動によく用いられる．

図 3.11 に示す機構は，ベルトにある負荷を移動させるものである．回転運動を直線運動に変換していると考えられる．プーリのピッチ円半径を R，負荷の質量を M とすれば，この機構において，負荷を動かすのに必要なトルク T_{L} は，次式で求められる．

$$T_{\mathrm{L}} = RF_{\mathrm{L}} = RM\ddot{x} = RMR\ddot{\theta}_{\mathrm{M}} = R^2M\ddot{\theta}_{\mathrm{M}} \tag{3.23}$$

これにモータ自身を回転させるために必要なトルクを加えることによって，モータが出すべきトルクは以下のように求められる．

$$T_{\mathrm{M}} = (J_{\mathrm{M}} + R^2M)\ddot{\theta}_{\mathrm{M}} \tag{3.24}$$

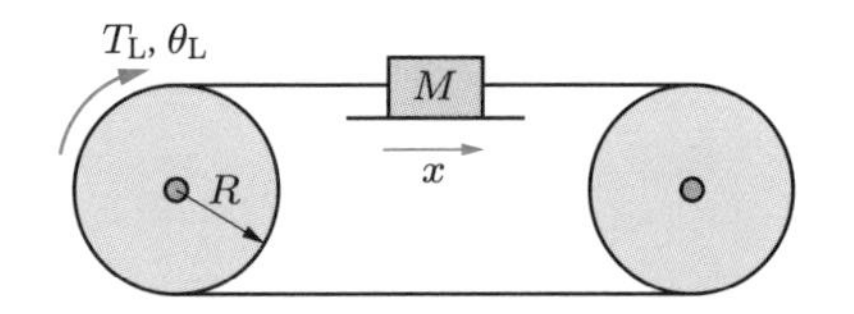

図 3.11　**ベルト・プーリ機構による物体移動**

3.5　ボールねじ機構

ボールねじ (ball screw) **機構**とは，ねじを切った軸をモータで回転させ，同じくねじを切ったナットを移動機構として移動させるものである．回転運動を直線運動に変換する．ねじ軸とナットの間にボールを入れ，それをリターンチューブを通して循環させることによって，なめらかな移動を可能にしている（図 3.12）．

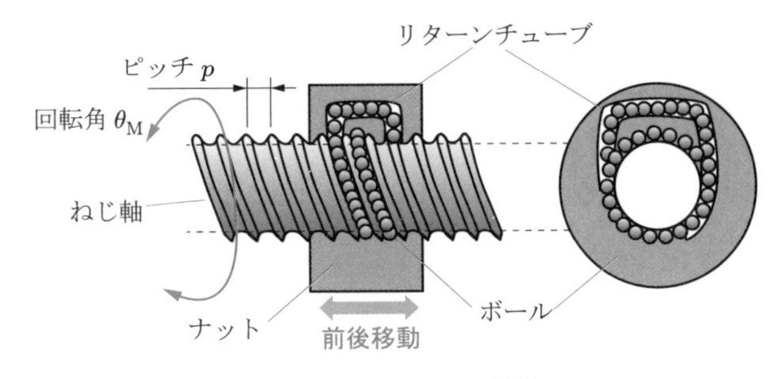

図 3.12 **ボールねじ機構**

このほかに，ねじを使わずにボールを内部で移動させて，なめらかな直線運動を得る方式もある．

ねじのピッチを p とすれば，1 rad あたりの進む距離は，$p/2\pi$ である．ねじ軸が角度 θ_M だけ回転したときに進む距離は $p\theta_M/2\pi$ だから，加速度は $p\ddot{\theta}_M/2\pi$ となる．モータ 1 回転あたりの仕事は，質量 M の負荷を動かすのに必要なトルクを T_L とすれば，$p \times Mp\ddot{\theta}_M/2\pi = 2\pi T_L$ となるから，モータを回転させるのに必要なトルクは次式で表される．

$$T_M = \left\{ J_M + \left(\frac{p}{2\pi} \right)^2 M \right\} \ddot{\theta}_M \tag{3.25}$$

章末問題

3.1 さまざまな歯車が，どこで使われているか調べよ．

3.2 最適ギヤ比の式を導出せよ．

3.3 減速機構を用いる利点を述べよ．

3.4 式 (3.20)，(3.21) が成立する理由を説明せよ．

第4章 センサ

たとえば，DCモータをある角度で停止させるには，第8章で詳述するフィードバック制御が不可欠である．フィードバック制御を適用するには，モータの角度を計測するセンサが必要となる．そして，実験においてデータを取得するためにも，センサは必要不可欠である．本章では，計測・制御に不可欠なセンサの特性や性質，原理などについて述べる．

4.1 メカトロニクスとセンサ

センサ (sensor) とは，ある物理量を電圧値等の電気信号に変換する装置のことである．メカトロニクス機器を希望どおりに動作させるためには，センサで現状を把握し，アクチュエータを正しく動作させる必要がある．また，実験データを取得するためにもセンサは必要不可欠である．

センサの測定値にずれや誤りがあると，当然ながらメカトロニクスシステムは正しく動作しない．また，精密に動作させようとすれば，それだけ精密な測定が必要になる．測定対象にかかわらず，つねに正確で精密な測定ができればよいが，センサの種類によって向き不向きがあるうえ，高性能なセンサは一般的に高価である．したがって，目的に応じて，必要な性能のセンサを使い分けることが重要になる．そういった，センサの性能を表す特性として，おもに次のようなものがある．

- **静特性**：測定値が時間的に変化しない場合の特性
- **動特性**：測定値が時間的に変化する場合の特性
- **分解能と精度**：センサの測定限界と誤差

また，センサの種類を測定する物理量によって分類すると，おもに次のようになる．

- **位置センサ**：距離や角度といった，測定対象の位置を測定する．単位時間あたりの測定値の変化量として，速度を測定することもできる．
- **加速度センサ**：対象の加速度を測定する．傾きや落下の検出などに用いられる．

- **ジャイロセンサ**：対象の角加速度を測定する．回転の検出などに用いられる．
- **力センサ**：物体にかかる力や圧力の大きさを，ひずみの大きさから測定する．

このほかにも，温度や湿度等，さまざまな物理量を計測するセンサがある．さらに，センサにはアナログ電圧を出力するものと，ディジタル値やパルスを出力するものがある．それぞれ特性や性能が異なるので，どのセンサを使用するかは十分に吟味する必要がある．

4.2　センサの特性

4.2.1 ● 静特性

静特性とは，物理量を一定に保った状態のときにどのような電圧を出力するのかを表す特性である．センサの静特性として，図 4.1 に示すような，**線形性**と**非線形性**がある．ここでいう線形性とは，図 (a) ①のように，計測しようとする物理量の変化量 Δx がセンサの出力電圧 ΔV の変化量と比例する，すなわち物理量 x と出力電圧 V が直線の関係を有する特性のことである．$x = 0$ のときの出力電圧を V_0，比例定数を K とすれば，両者の関係は，

$$V = Kx + V_0 \tag{4.1}$$

と表される．この比例定数 K が実験的にわかれば，

$$x = \frac{V - V_0}{K} \tag{4.2}$$

となり，簡単な式で出力電圧 V から物理量 x を算出できる．$V_0 = 0$ ならば，図の②のように比例の関係 ($x = V/K$) となり，より単純な式で物理量を求められる．しかし，実際には完全に線形性をもつセンサはなく，一般に多少なりとも何らかの

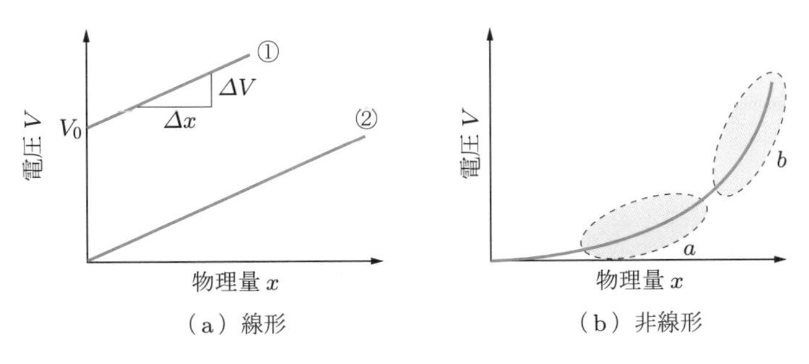

（a）線形　（b）非線形

図 4.1　線形および非線形特性

非線形性をもつ．

図 (b) に，非線形性をもつセンサの出力例を示す．このように，電圧と物理量の関係を直線で表せない場合，非線形性をもつという．非線形性をもつ場合，たとえば図 (b) の a と b で感度が異なる．a では物理量が変化しても電圧の変化は小さいが，b では物理量が少し変化するだけで電圧が大きく変化する．この場合，a の範囲で使うよりも，b の範囲で使うほうが感度がよく，精度の高い計測が期待できる．

実験を通して図 4.2 の黒丸のようなデータが得られた場合，多項式などの数式で表される曲線で近似する方法がある．この場合，V から x を求める式が，式 (4.2) に比べて複雑になる．また，使用部分を限定し，線形とみなせる部分で使用する場合もある．

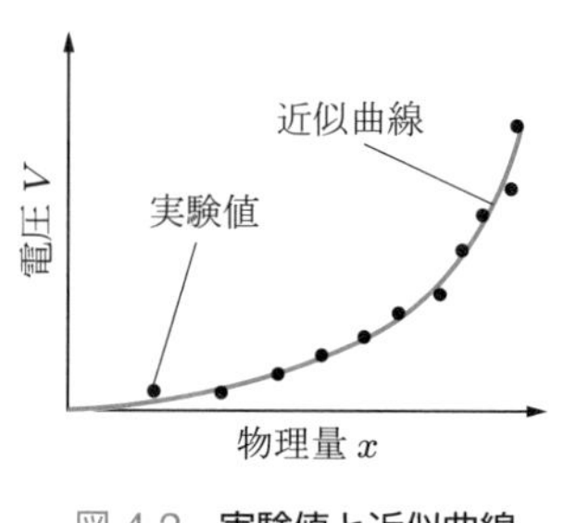

図 4.2　**実験値と近似曲線**

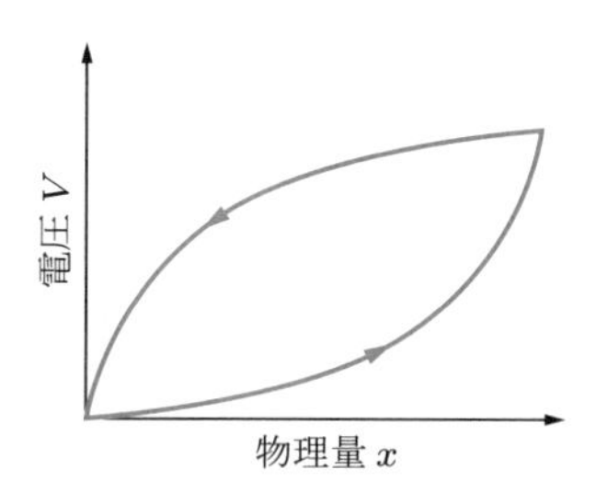

図 4.3　**ヒステリシス**

もう一つのセンサの静特性として，**ヒステリシス**が挙げられる．これは，図 4.3 に示すように，物理量を増加させていった場合と減少させていった場合で出力する電圧が異なってしまうという現象である．この違いが無視できるほど小さければよいが，無視できない場合は何らかの補正が必要となる．

アナログセンサを使用する際は，事前に，静特性を実験で調べておくことが必要となる．これを**キャリブレーション** (calibration) という．計測すべき物理量と，出力（たとえばアナログ電圧）の関係式を実験を通して求め，図 4.2 のような図を得ることがキャリブレーションにあたる．カタログに掲載されている場合もあるが，センサがカタログどおりに動くことを確認するためにも，実際に実験することは必要である．

その他の注意すべき特性としては，**ドリフト**が挙げられる．これは，物理量が一定でも，出力電圧が時間経過とともに変化してしまう現象である．原因としては温度変化などが挙げられる．また，アナログ電圧特有の問題としてノイズがある．これについては第 5 章で述べる．

4.2.2 ● 動特性

動特性とは，物理量を時間変化させた場合に，センサがどのような電圧を出力するかを表す特性である．動特性として，過渡特性と周波数特性の二つが重視される．これは，第 8 章で述べる制御工学におけるものと同じである．詳しくは第 8 章で述べるが，ここでは簡単にセンサに対する影響について述べておく．

(1) 過渡特性

過渡特性とは，物理量が変化した場合，センサの出力がどのように変化するかを示す特性である．図 4.4(a) のように，ステップ（階段）状に物理量が変化すると，多くの場合若干遅れてセンサが反応し，最終値に到達する．すなわち，反応の速さを見ることができる．場合によっては，図 (b) のように振動を起こすこともある．

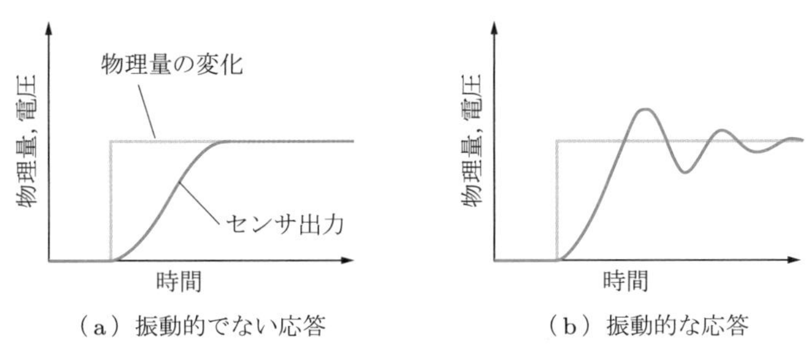

（a）振動的でない応答　（b）振動的な応答

図 4.4　センサの過渡特性の例

(2) 周波数特性

メカトロニクスで使用するようなセンサは，周期的な振動を含む信号を計測する場合も多い．この場合，センサの周波数特性が重要となる．**周波数特性**とは，物理量をある一定の振幅をもつ，さまざまな周波数の正弦波状に変化させた場合の，出力の振幅と位相のずれを見るものである．図 4.5 に，**ゲイン**（入力と出力の比であ

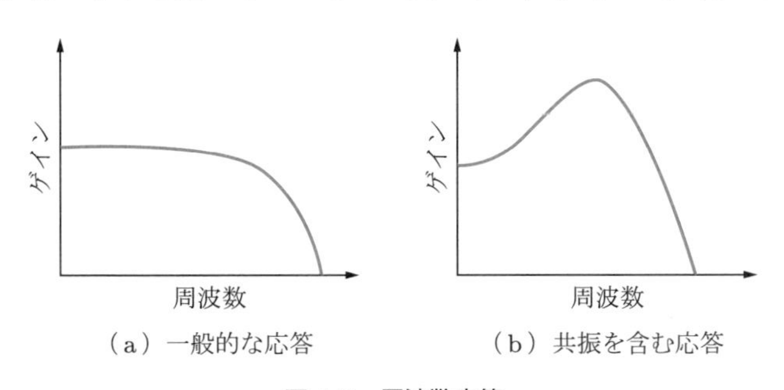

（a）一般的な応答　（b）共振を含む応答

図 4.5　周波数応答

り，$20\log_{10}$(電圧振幅比)で表される．8.6.2 項参照）特性の一例を示す．どのような周波数の入力に対しても同じ振幅を出力することが理想だが，図 (a) に示すように，現実には高周波数において出力振幅が減少し，また，位相もずれる．また，場合によっては，図 (b) のように，特定の周波数において実際よりも大きな振幅を出力することもあり，注意が必要である．これを**共振**とよぶ．センサを選定する際には，使用する周波数帯域に注意する必要がある．

4.2.3 ● 分解能と精度

分解能 (resolution) と**精度** (accuracy) は，似たような概念だが，厳密には異なる．「分解能」とは，それ以上細かくは計測できない限界を意味する．たとえば，後述するロータリーエンコーダではパルスの数で角度を計測するが，あるパルスが出力されてから次のパルスが出力されるまでに円盤が回転する角度は，円盤にあけられた穴の数で決まる．それ以上細かい角度を計測することは不可能である．その最小の数が「分解能」とよばれる値である．

これに対して「精度」とは，どの程度の誤差を含んでいるかを示す値である．たとえば，図 4.2 において近似した曲線を使えば，ある誤差範囲で実験値を計算できる．また，線形近似した場合，どの程度本来の曲線からずれるのかを知ることが必要である．たとえば，±5% の精度といえば，近似した直線や曲線からずれるのは ±5% であるという意味なので，計測値が x だとすれば，実際の値は，$x \pm 0.05x$ の範囲に収まるということである．

4.3 位置センサ

4.3.1 ● リミットスイッチ

リミットスイッチ (limit switch) とは，図 4.6 に示すような，機械的なスイッチである．スイッチが入っていないときは，Common と NC (normally close) がつながっており，スイッチが入ると，Common と NO (normally open) がつながる．これを機構と組み合わせることによって，物体がある位置まで到達したことを知ることができる．たとえば，図 4.7 のように直線移動機構と組み合わせれば，検知位置でスイッチが入り，物体を自動停止させることができる．

4.3.2 ● ポテンショメータ

ポテンショメータ (potentiometer) とは，簡単にいえば可変抵抗である．「ポテ

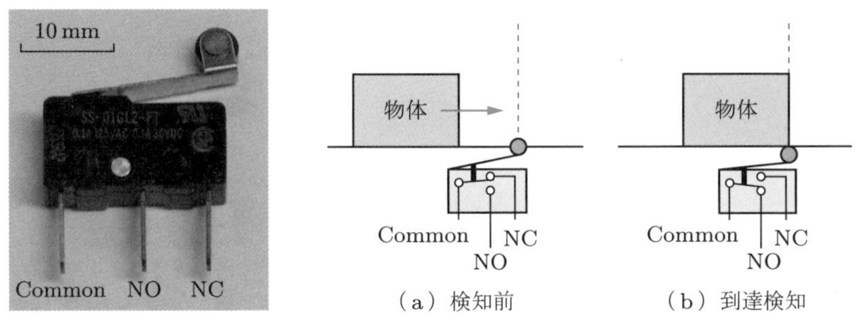

図 4.6 リミットスイッチ　　図 4.7 リミットスイッチの応用例

ンショ」とは英語で potential の意味で，電位を意味する．抵抗に接している端子を摺動（しゅうどう）させることにより抵抗の値を変化させ，出力電圧の値を変化させる．すなわち，角度や長さを電圧に変換するセンサである．いわゆるボリュームとよばれる可変抵抗より回転抵抗が少なく，スムーズに回転できるように作られているが，記号はどちらも同じ図 4.8(a) で表される．原理を図 (b) に，実際の概形を図 (c) に示す．図のように，円弧状の抵抗と三つの端子があり，少し外れたところにある②の端子が出力となる．①と③の間に一定電圧 V を印加しておき，上のつまみを回しながら，①と②，もしくは②と③の間の電圧を計測する．回転範囲を $0 \sim \alpha$ [°] とすると，入力電圧 V に対して，ある角度 θ だけ回転させた場合の出力電圧は，次のようになる．

$$E = \frac{\theta}{\alpha} V \propto \theta \tag{4.3}$$

すなわち，出力電圧は回転角度に比例する．回転型のほかに直動型があり，直動型では，図 4.9 のようにつまみが伸縮し，その長さに応じて電圧が変化する．

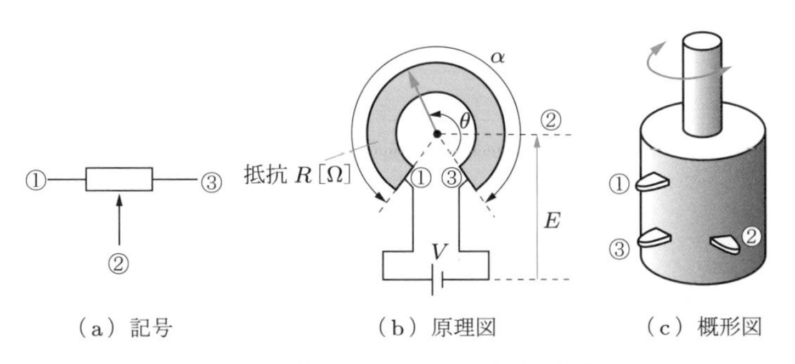

図 4.8 ポテンショメータの記号と原理

図 4.9　**直動型ポテンショメータ**

出力はアナログ電圧として得られる．抵抗値には一般に数%の誤差があり，精密な測定の場合は，抵抗の線形性の度合い（どの程度角度と抵抗値が比例するか）が問題になる．また，アナログ電圧のためノイズ対策が必要である．

図 4.10 に，ポテンショメータの写真を示す．さまざまなタイプがあり，図 (a) の左側は抵抗の端から端まで届くのに何周も回す多回転型，右側は 1 回転型である．多回転型は回転が有限であるのに対し，右側の 1 回転型は**図 4.8**(b) の①と③が近く，②につながれた端子が①から③へ通り過ぎることが可能な構造になっている．①を通り過ぎると再び③に戻り，最初の電圧値になる．回転角度が小さい計測対象に多回転型のポテンショメータを使うと，電圧変化の値が小さくなり，十分な分解能や精度を得られない場合があるので注意が必要である．

（a）回転型

（b）直動型

図 4.10　**ポテンショメータ**

4.3.3 ● ロータリーエンコーダ

ロータリーエンコーダ（図 4.11）は，回転角度および回転角速度を計測できるディジタルセンサである．種類としては，**インクリメンタル型**と**アブソリュート型**がある．

(1) インクリメンタル型

インクリメンタル型の原理図を図 4.12 に示す．発光ダイオードとフォトダイオードの間に，一定間隔で刻まれたスリット（窓）をもつ円盤がある．スリットは 3 列あり，A 相，B 相，Z 相とよばれている．このうち，Z 相は円盤に一つしかあ

図 4.11 ロータリーエンコーダ

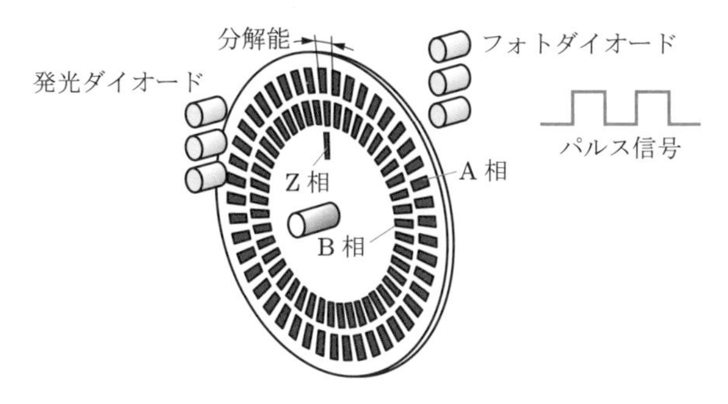

図 4.12 インクリメンタル型ロータリーエンコーダの原理

いていないもので，原点出しに使われる．Z 相がないものもある．また，近年では，磁気式センサを用いているものもある．磁気式センサを使うと，図 4.12 の光学式のものと比べ小型化が可能である．

円盤が回転すると，発光ダイオードから発せられた光が，A 相と B 相のスリットを通ってフォトダイオードに断続的に届くことになる．届いたときを 1，届いていないときを 0 と考えれば，パルス信号と考えることができる．このパルスの数は回転角度に比例する．また，パルスの周波数は回転角速度に比例する．

角度の分解能は，スリットの数に比例する．スリット数は，円盤 1 周あたり 500～2000 個 (500～2000 ppr) 程度のものが多い．スリット数が 1 周 500 個の場合，分解能は $360/500 = 0.72°$ となる．また，A 相，B 相の立ち上がりと立ち下がりの瞬間を検出すれば，分解能は 4 倍に上がる．これを 4 逓倍とよぶ．

また，図 2.3 のように，モータの回転軸にエンコーダが接続されている場合，負荷軸から見たエンコーダの見かけの分解能は，ギヤ比 λ に影響される．図 4.13 に示すような機構において，負荷軸が 1 回転，すなわち 360° 回転したとすれば，モー

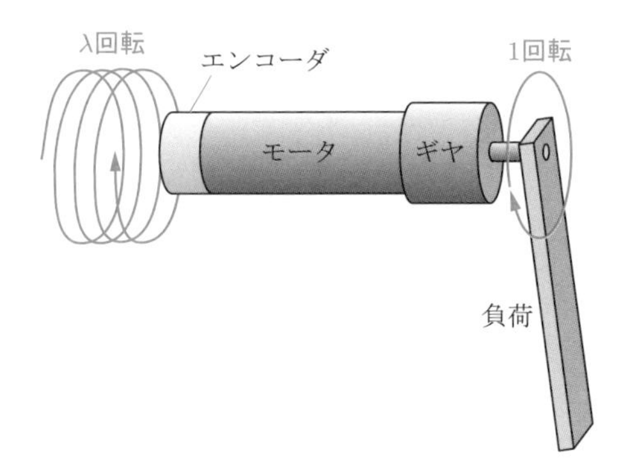

図 4.13　モータ軸に取り付けられたエンコーダの回転

タ軸の回転角度は 360λ [°] である．エンコーダのスリット数を n 個とすれば，負荷軸1周あたりのスリットの個数は $n\lambda$ 個であり，負荷軸から見たエンコーダの分解能は $360/n\lambda$ [°] である．ギヤがない場合の分解能 $360/n$ [°] に対して，$1/\lambda$ になる．これは，負荷軸から見た見かけの分解能が，ギヤがない場合に比べて λ 倍向上していることを意味している．ただし，ギヤのバックラッシュによる負荷軸の角度変化は計測できない．

図 4.14 に示すように，A 相と B 相は，スリット幅の半分だけずれている．これは，スリット周期の 1/4 ずれていることに相当する．回転方向が異なると，どちらが先に立ち上がるかが変わる．これによって回転方向を判別できる．B 相を作らずに，二つのフォトダイオードの位置をずらすことによって同様の効果を得ているものもある．

インクリメンタル型は，相対位置しかわからない．すなわち，電源を入れた時点では，絶対角はわからない．このため，ロータリーエンコーダの円盤の絶対角を調べるために Z 相を使うことがある．ロボットアームで考えてみよう．図 4.15(a) のように，電源を入れる前に目視で腕を一直線にしたとしても，この状態では，目

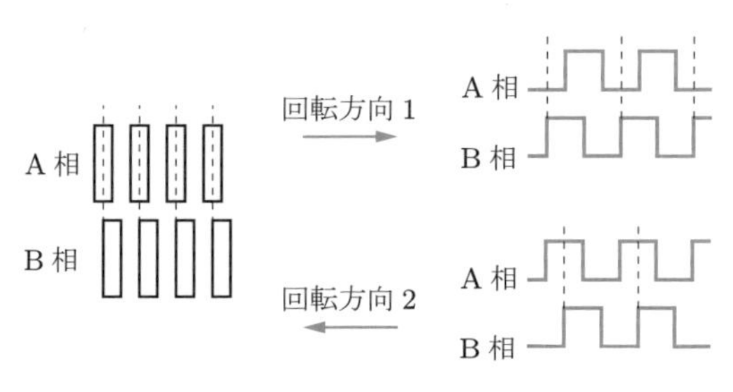

図 4.14　方向検出の原理

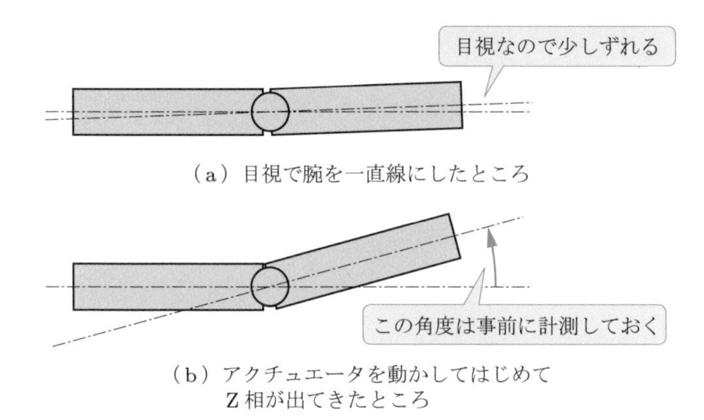

図 4.15 Z 相による絶対角度設定方法

視のため正確な関節角度とはいえない．そこで図 (b) のように，電源を入れた後アクチュエータを回転させ，最初に Z 相の信号が現れた瞬間を調べる．事前に Z 相の現れる角度を正確に計測しておき，Z 相の信号が現れた角度をその角度に設定すれば，絶対角度がわかる．Z 相を使わない方法として，リミットスイッチ（4.3.1 項）や光センサ等を用いて，設定した関節角度に到達したことを調べる方法もある．

(2) アブソリュート型

角度の絶対値を計測するエンコーダとして，アブソリュート型ロータリーエンコーダがある．アブソリュート型は，産業用ロボットにも多数用いられている．これは，スリットを半径方向に多数用意し，そのスリットパターンがすべて異なるものである．図 4.16 にその例を示す．この図では，半径方向に四つのスリットがあり，スリットがあるかないか（ビット）のパターンが異なる．すなわち，フォトダイオードの出力を見れば，円盤がどの位置に来ているかわかる．図では，$4^2 = 16$

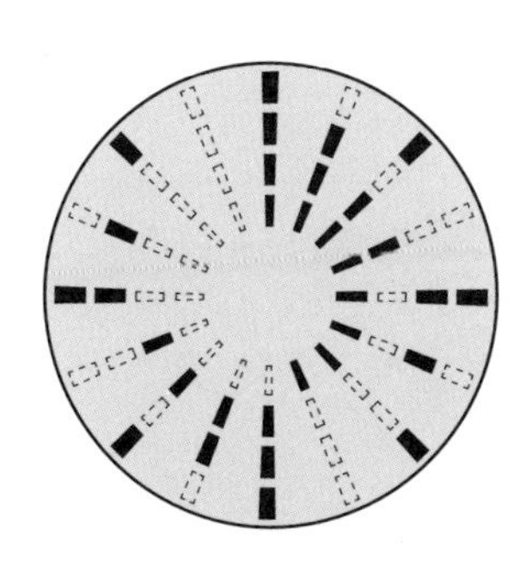

図 4.16 アブソリュート型ロータリーエンコーダのスリット

通りできるが，スリットの数を増やせばパターンの数は増え，分解能を上げることができる．

アブソリュート型のスリットパターンとして，**グレイコード** (gray code) というものがある．これは，一度に2個以上のビットが変化しないよう，ビットの並べ方が通常の2進数の進行とは異なるものである．図4.17(a) のような場合，①から②のスリットに変化するとき，二つのビットが変化する（片方は開いて片方は閉じる）．このような場合，それぞれのビットの変化に時間的なずれがあった場合，異なる角度として認識してしまうことになる．グレイコードを用いると，図 (b) に示すように，隣り合うスリットパターンのビット変化は一つのみに限られるので，これを防止できる．

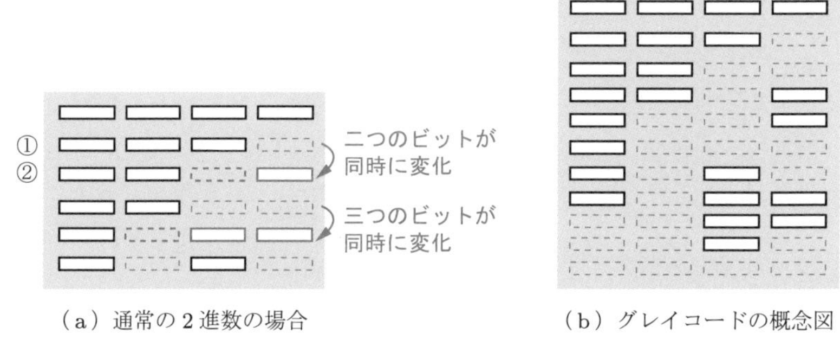

（a）通常の2進数の場合　（b）グレイコードの概念図

図4.17　アブソリュート型ロータリーエンコーダのスリット

4.3.4 ● ホール素子

ホール素子は磁界の変化を測定するセンサだが，位置センサによく用いられるためここで説明する．図4.18に，ホール素子の原理図を示す．板状の半導体を考える．この半導体に磁界と垂直な方向に電流 I を流すと，半導体のキャリアである自

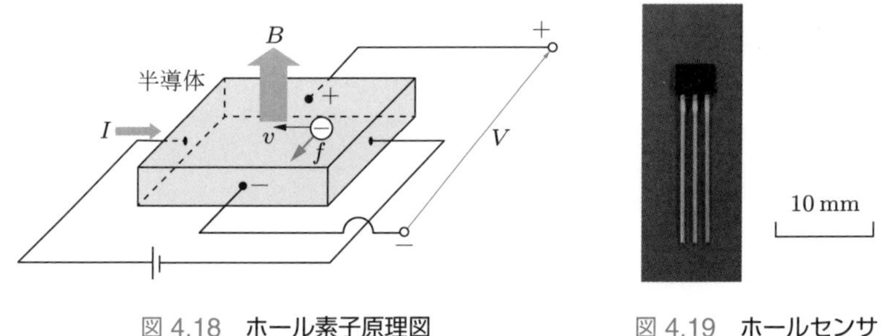

図4.18　ホール素子原理図　図4.19　ホールセンサ

由電子は電流とは逆向き（v で示した方向）に運動する．ホール素子に磁束密度 B の一様な磁界がある場合，ローレンツ力により，自由電子は磁界と電流の向きと垂直な方向に力 f を受ける．これにより分極が生じ，電流と磁界の向きと垂直な方向に電位差 V が生じる．これを**ホール効果**とよぶ．

V は磁界の強さに応じて変化するため，ホール素子を磁石との距離の計測や，磁石が近づいたかどうかの判定に応用することが可能である．ホール素子は，前項のロータリーエンコーダや，ブラシレス DC モータ等にも用いられている．

図 4.19 は Texas Instruments 社の**ホールセンサ**（型番：DRV5055）の写真である．ホールセンサとは，ホール素子に，増幅回路，温度補償回路等の素子を組み込んだものであり，**ホール IC** ともよばれている．図のホールセンサは，内蔵された素子によって，電圧の出力値が扱いやすい範囲になるように，しかも磁束密度と出力電圧が線形の関係になるように調整されている．

4.3.5 ● 静電容量型位置センサ

静電容量型位置センサは，物体との距離を，静電容量を算出することによって計測するものである．それ単体で用いることも多いが，その原理は後に述べる力センサや加速度センサにも応用されている．図 4.20 に計測原理を示す．センサの計測部の断面積を S，計測物体との距離を d，静電容量を C とすれば，次式が成立する．

$$C = \varepsilon \frac{S}{d} \tag{4.4}$$

ここで，ε は誘電率である．すなわち，静電容量は距離に反比例する．式 (4.4) を全微分することにより，次式が導き出せる．

$$\frac{\Delta C}{C} = -\frac{\Delta d}{d} \tag{4.5}$$

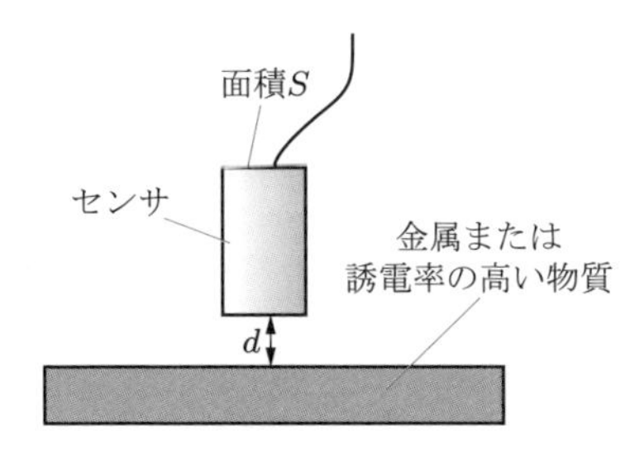

図 4.20 **静電容量型位置センサの原理**

ここで，ΔC，Δd はそれぞれ静電容量と物体までの距離の微小変化である．距離の変化が，静電容量の変化と線形の関係になっている．計測対象としては，金属または誘電率の高い物質が対象となる．

4.3.6 ● 光学式距離センサ

光学式距離センサは，レーザーや LED により光を照射し，反射光を用いて対象物との距離を算出するものである．反射には拡散反射[†1]と正反射[†2]があり，どちらも光学式距離センサに使われている．図 4.21 に示すのは拡散反射を利用した三角測距方式であり，発光部から発射された光が測定物で拡散反射され，センサの受光部に入射する．測定物との距離が変わると，反射光が入る受光部の位置が変化するので，それに基づいて測定物との距離を算出する．受光部にはおもに，PSD（position sensitive detector）とよばれる，入射した光の位置に応じて出力が変化する素子が用いられており，発光部とユニット化されてセンサとして販売されている．図 4.22 に光学式距離センサユニットの写真を示す．精度が高い反面，反射光が弱いと計測できないことがある．明るい場所でも使えるように，赤外線を用いるものが多い．拡散反射を利用する場合，測定物としては，光沢やつやのないものが適している．金属など，光沢面がある場合は，正反射を利用したセンサが適している．

三角測距方式のほか，次項で述べる超音波センサと同様に，反射光が戻ってくるまでの時間を測定する方式もある．

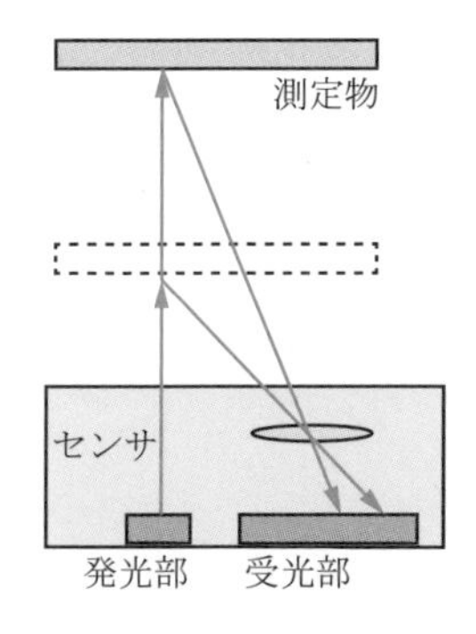

図 4.21　三角測距方式の原理

図 4.22　光学式距離センサユニット

---

†1　反射波がさまざまな方向に広がる反射．おもに表面が粗い面，光沢やつやのない面で生じる．
†2　入射角と反射角が等しい反射．おもに金属など光沢がある面で生じる．

4.3.7 ● 超音波センサ

超音波センサは，文字どおり，超音波を用いた距離センサである．圧電セラミック等を振動させて超音波を発し，その反射波を受けるまでの時間を計測することによって，対象物の存在や，対象物との距離を計測する．図 4.23 のように，超音波の速さを v，対象物までの距離を L，超音波が戻ってくるまでの時間を Δt とすれば，次式が成立する．

$$\Delta t = \frac{2L}{v} \tag{4.6}$$

時間 Δt を計測することによって，対象物までの距離が計測できる．移動ロボット等によく用いられるが，対象物が音波を吸収する性質をもっていると反射波が弱く，計測できない恐れもある．このため，精度はあまり高くない．

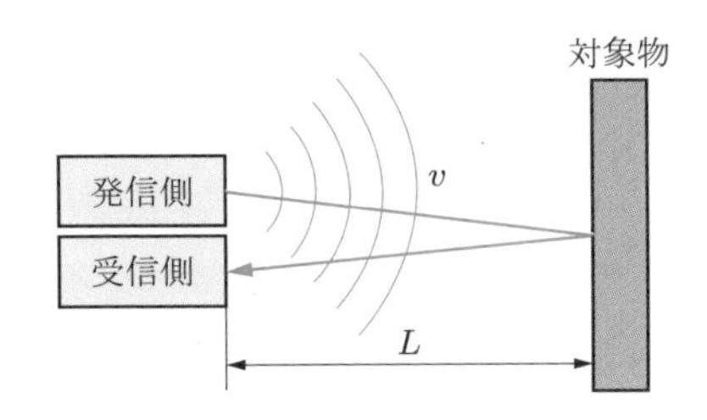

図 4.23　**超音波センサの原理**

さまざまな大きさのセンサが販売されており，それぞれ測定できる距離の範囲が異なるので，選定の際には注意が必要である．図 4.24 に，LEGO 社の mindstorms EV3 に用いられている超音波センサの写真を示す．幅は約 5.5 cm である．

図 4.24　**超音波センサ**

4.4 加速度センサ

4.4.1 ● 原理

加速度センサは，加速度を計測するセンサである．その原理は，図 4.25 に示すように，ばね - 質量 - ダッシュポット系で説明される．加速度センサを取り付けた対象物の変位を x_1，センサ内の質量を m，質量の変位を x，ダッシュポットの粘性減衰係数を c，ばね定数を k とすれば，次式が成立する．

$$m\ddot{x} + c(\dot{x} - \dot{x}_1) + k(x - x_1) = 0 \tag{4.7}$$

式 (4.7) において，質量と装置の相対変位を $x_r = x - x_1$ とおけば，

$$m\ddot{x}_r + c\dot{x}_r + kx_r = -m\ddot{x}_1 \tag{4.8}$$

となるので，全体を m で割って，$\zeta = c/2\sqrt{mk}$，$\omega_n = \sqrt{k/m}$ と変数変換すると，次式のような標準的な 2 次系の微分方程式が得られる．

$$\ddot{x}_r + 2\zeta\omega_n\dot{x}_r + {\omega_n}^2 x_r = -\ddot{x}_1 \tag{4.9}$$

式 (4.9) において，$\ddot{x}_1 = \alpha_1 \cos\omega t$ を入力した場合の振幅比と位相のずれ ϕ [°] は，次のように求められる．

$$\left|\frac{x_r}{\alpha_1}\right| = \frac{(1/\omega_n)^2}{\sqrt{(1-\lambda^2)^2 + (2\zeta\lambda)^2}} \tag{4.10}$$

$$\phi = -\tan^{-1}\frac{2\zeta\lambda}{1-\lambda^2} \tag{4.11}$$

ここで，$\lambda = \omega/\omega_n$ である．ゲインとは，20 log（振幅比）のことであり，式で示せば次のようになる．

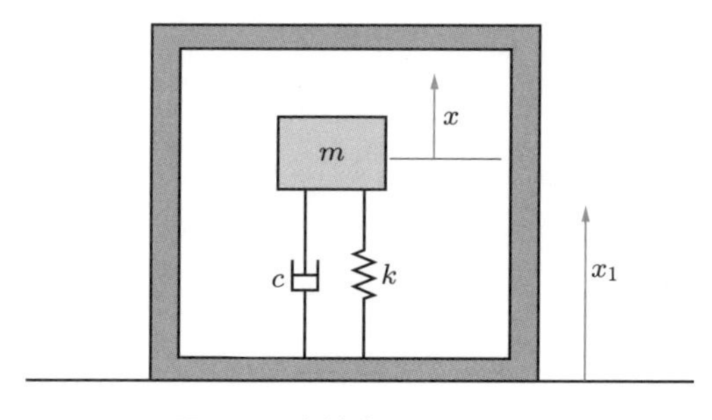

図 4.25　加速度センサの原理

$$20\log\left|\frac{x_r}{\alpha_1}\right|{\omega_n}^2 = 20\log\frac{1}{\sqrt{(1-\lambda^2)^2+(2\zeta\lambda)^2}} \tag{4.12}$$

これを図で示すと，図 4.26 のようになる．このように，ζ の値によって，周波数特性が異なることがわかる．これは，第 8 章における 2 次遅れ系の周波数応答と同じである．この図に示すように，適切な周波数範囲で用いないと，実際の変位とは異なる値を出力することがあるので，注意が必要である．

式 (4.10) において，$\lambda \ll 1$ の場合，次のようになる．

$$\left|\frac{x_r}{\alpha_1}\right| \approx \frac{1}{{\omega_n}^2} = \frac{m}{k} \tag{4.13}$$

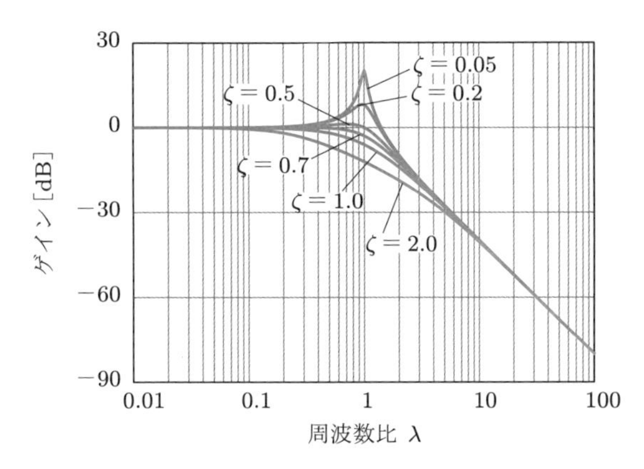

図 4.26　ゲインと周波数の関係

λ は，入力される加速度の角周波数とセンサの固有角周波数である ω_n との比だから，入力角周波数が十分小さいときには，x_r を計測することによって，加速度 α_1 を算出できることになる．

加速度センサを図 4.27 のように鉛直方向に対して角度 θ だけ傾けて静止させると，重力加速度のばねに平行な成分が $mg\cos\theta$ となり，ばね変位は $|x_r| = |mg\cos\theta/k|$ となる．これを用いれば，傾きを計測することも可能である．

4.4.2 ● 加速度センサの種類

加速度センサには，**サーボ加速度計**とよばれるものがある．原理の概念図と外観を，図 4.28 に示す．板ばねにはコイルが付いており，コイルに電流を流すと磁石によって作られた磁界との作用で力がはたらくようになっている．板ばねは，たと

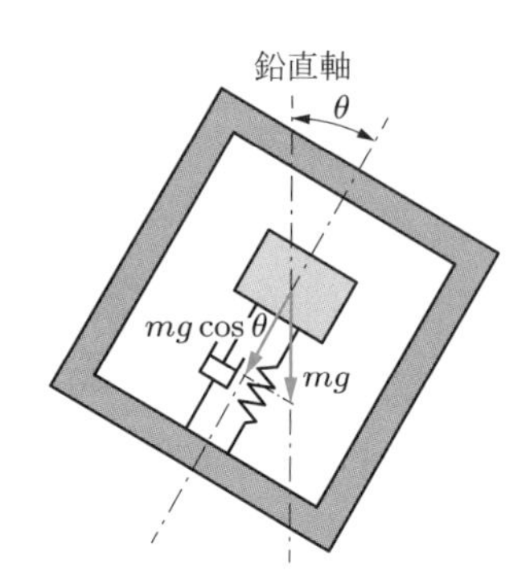

図 4.27　**傾けた加速度センサ**

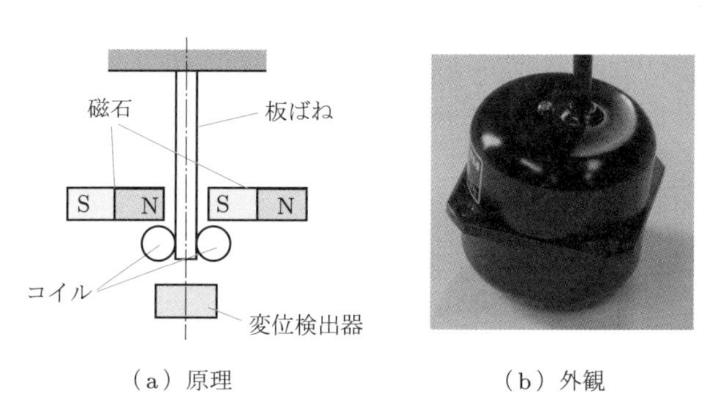

（a）原理　　（b）外観

図 4.28　**サーボ加速度計**

えば加速度が右向きにかかったとすれば左に変位する．これを変位センサで計測し，つねに中立位置を保つようにコイルに電流を流す．この電流の大きさで加速度の大きさがわかる．精度がよいため，航空機などにおいて使われる．なお，このように物体の変位をなくすような出力を与え，その出力から測定する方法を，**零位法**とよぶ．これに対して，たとえばひずみゲージのように対象物の変位を計測する方法を，**偏位法**とよぶ．すべてのセンサがどちらかの方法をとっている．

近年では，**MEMS** (micro electro mechanical systems) 技術が発達し，加速度センサを，半導体上に，非常に小型かつ安価に作ることが可能となっている．その原理は静電容量型位置センサと似ている．図 4.29 のように，くし形に電極が挟まっており，加速度が生じると移動する．それによって静電容量が変化して，変位 x_r がわかる．この方式では m が小さいので，固有角周波数 ω_n が大きくなり，結果として計測可能な周波数領域が広がることになる．図 4.30 に実際の例を示す．この加速度計はわずか 4 mm × 4 mm の面積である．周辺回路を含めても 10 mm × 10 mm

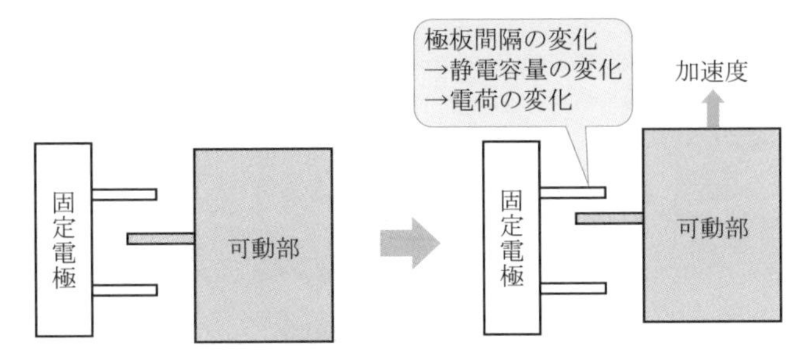

図 4.29 **静電容量型加速度センサの原理**

図 4.30 **静電容量型加速度センサの外観**

にすぎない．このような加速度センサは，たとえば携帯電話やスマートフォンに搭載されるほか，歩数計に応用されている．また，自動車に搭載され，衝突の際エアバッグを開くためにも使われている．

4.5 ジャイロセンサ

ジャイロセンサ (gyro-sensor) とは，角加速度を検出するセンサである．その原理として，**コリオリの力**を利用している．コリオリの力とは，並進運動している物体が回転した場合，並進運動の方向と垂直に生じる見かけの力である．図 4.31 において，水平面内に置かれた，表面がなめらかな円盤が角速度 ω で回転しているとする．このとき，質量 m の小球を滑らせると，円盤と小球の間に摩擦がなければ，小球は円盤の回転にかかわらず直進するので，図 (a) のように円盤の外で観察している人には，単に等速度運動をしているように見える．しかし，図 (b) のように円盤上で一緒に角速度 ω で回転している人が観察すると，小球が次第に右にずれていくように見える．すなわち，小球にはその運動方向と垂直な方向に力がはたらい

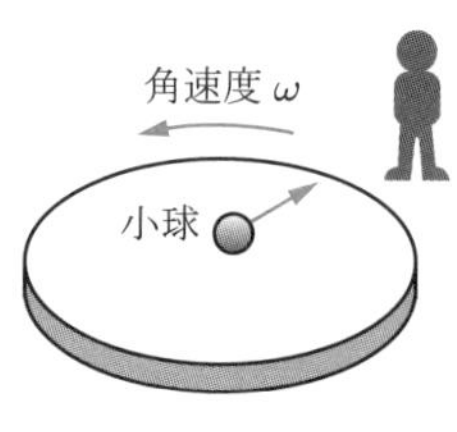

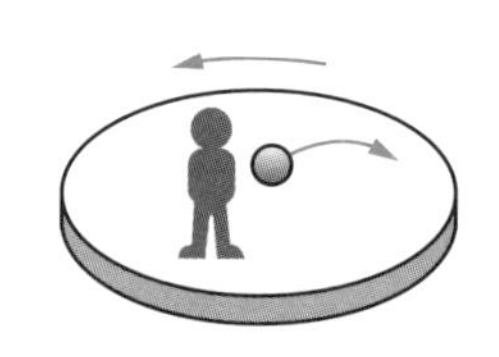

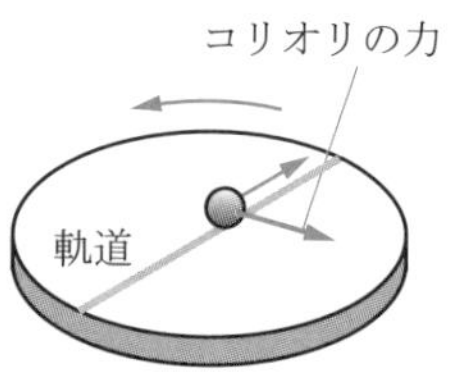

（a）円盤の外で観測　（b）円盤の上で観測　（c）円盤の上の軌道上を移動

図 4.31　**コリオリの力**

ているように見える．その大きさは，小球の速度を v とすると $2m\omega v$ になる．この見かけの力（慣性力）をコリオリの力とよび，フーコーの振り子の原理としても有名である．本来見かけの力ではあるが，図 (c) のように小球が円盤上の直線軌道に拘束されている場合，コリオリの力は図のように軌道に対して垂直な方向に加わる．これを計測することによって角速度を算出できる．

実際のセンサでは，図 4.32(a) のように，圧電素子に交流電圧をかけ振動させるなどの方法がとられる．角速度が生じると，コリオリの力によって振動が変化し，出力電圧が変化する．図 (b) に一例を示す．ジャイロセンサにも MEMS 技術が応用されており，小型化して自動車にも搭載され，カーナビや車両制御に用いられている．周波数特性も比較的よいので，角速度を積分することで角度センサとしても使われるが，積分誤差が問題となることもある．

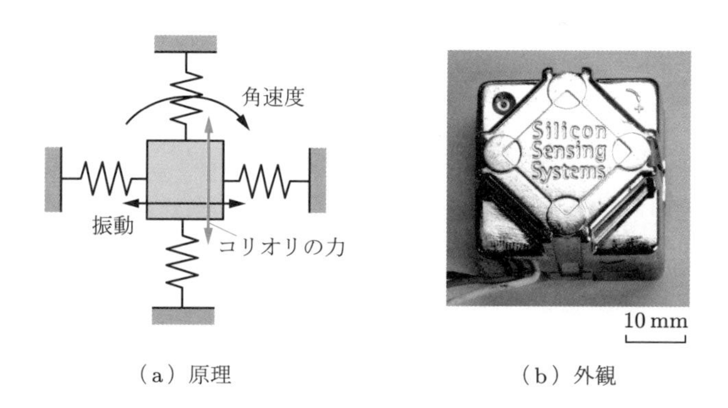

（a）原理　（b）外観

図 4.32　**ジャイロセンサ**

4.6　力センサ

「力 (force)」という物理量を直接計測することはできない．このため，物体の弾性変形が力に比例することを利用する．具体的には，ひずみゲージを用いることが多い．その応用として 6 軸力センサがある．

4.6.1 ● ひずみゲージ

図 4.33 に，**抵抗線ひずみゲージ** (strain gauge) の構造を示す．フィルム状の台に，抵抗が折り曲げられ貼られている．このひずみゲージが，曲がったり，伸び縮みしたりする際，微小な抵抗変化を生じる．その抵抗変化を電圧の変化として読み出す．抵抗値を R，抵抗の長さを l，断面積を S，抵抗率を ρ とすれば，次式が成立する．

$$R = \rho \frac{l}{S} \tag{4.14}$$

全微分を利用すると，長さと断面積，抵抗率の微小変化 Δl，ΔS，$\Delta \rho$ に対して，抵抗変化 ΔR は次のように求められる．

$$\frac{\Delta R}{R} = \frac{\Delta l}{l} + \frac{\Delta \rho}{\rho} - \frac{\Delta S}{S} \tag{4.15}$$

ここで，$\Delta l / l = \varepsilon$ はひずみであり，長さの変化の割合である．また，ポアソン比を ν とすれば，材料力学から $\Delta S / S = -\nu \varepsilon$ であることが知られている．以上のことから，次式のように，抵抗の変化率とひずみの関係が求められる．

$$\frac{\Delta R}{R} = \left(1 + \nu + \frac{\Delta \rho}{\rho \varepsilon} \right) \varepsilon = K \varepsilon \tag{4.16}$$

ここで，K は**ゲージ率** (gauge factor) とよばれ，ほぼ一定値である．よって，抵抗の変化率とひずみは比例する．多くのひずみゲージでは，抵抗値は 120 Ω，ゲージ率が 2 程度であるが，種類によって異なり，同じ製品でも異なることがあるので，製品に添付されている資料で確認が必要である．

ひずみゲージには，抵抗線ひずみゲージ，半導体ひずみゲージ等があり，それぞ

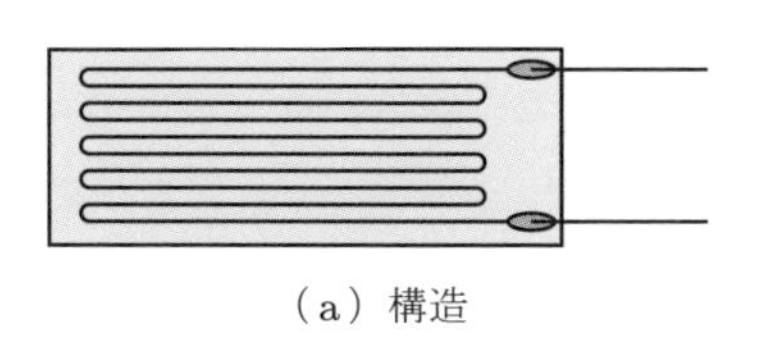

（a）構造

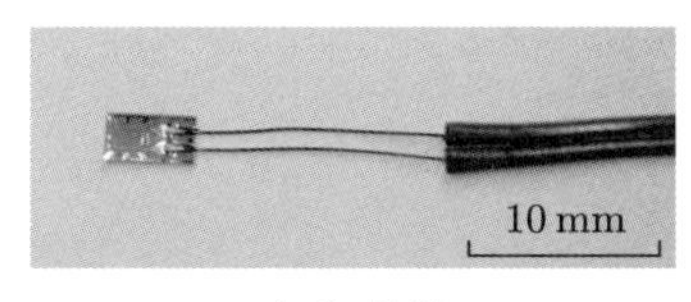

（b）外観

図 4.33　ひずみゲージ

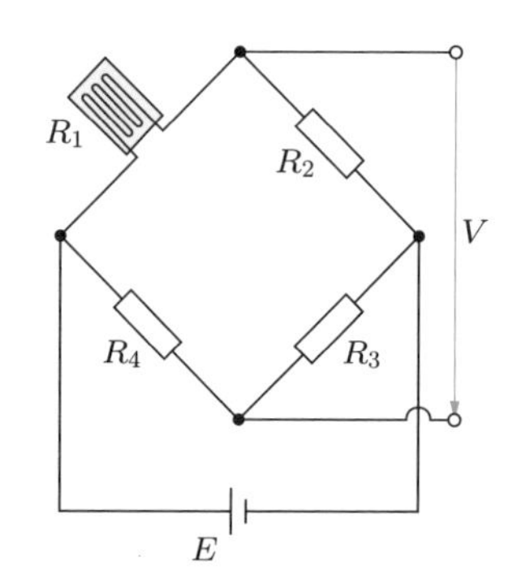

図 4.34　**ホイートストンブリッジ**

れ計測する対象が異なる．これは，同じ力を与えてもひずみの量が異なるためである．対象とするひずみに対応したひずみゲージを用いる必要がある．

抵抗の変化は微小なので，計測の際は直接電圧の変化を読み取るのではなく，図 4.34 のような**ホイートストンブリッジ**を用いる．R_1，R_2，R_3，R_4 の各抵抗値が同じならば，出力電圧 V は 0 である．ここで，各抵抗が，ΔR_1，ΔR_2，ΔR_3，ΔR_4 だけ変化した場合，V は次式で表される．

$$V = \left(\frac{\Delta R_1}{R_1} - \frac{\Delta R_2}{R_2} + \frac{\Delta R_3}{R_3} - \frac{\Delta R_4}{R_4} \right) \frac{E}{4} \tag{4.17}$$

ここで，R_1 のみがひずみゲージとすれば，ほかの三つの抵抗は変化しないので，$\Delta R_2 = \Delta R_3 = \Delta R_4 = 0$ である．これを式 (4.17) に代入すれば，

$$V = \frac{\Delta R_1}{4R_1} E \tag{4.18}$$

となる．すなわち，抵抗の変化率に比例した電圧が出力される．

実際には，四つの抵抗のうちの二つ，もしくは四つすべてをひずみゲージにする．残りの抵抗は，**ブリッジボックス** (bridge box) とよばれる機器（図 4.35）があり，それを利用することでブリッジを構成できる．

たとえば，**図 4.34** の R_1 と R_2 をひずみゲージとして，図 4.36 のように，それぞれをはりの裏と表に貼り，力を加えた場合を考える．表は伸び，裏は縮むが，それらのひずみの絶対値は同じである．よって，$\Delta R_1 = -\Delta R_2$ である．R_3 と R_4 は抵抗値の変化がないので $\Delta R_3 = \Delta R_4 = 0$ とすれば，

$$V = \frac{\Delta R_1}{2R_1} E \tag{4.19}$$

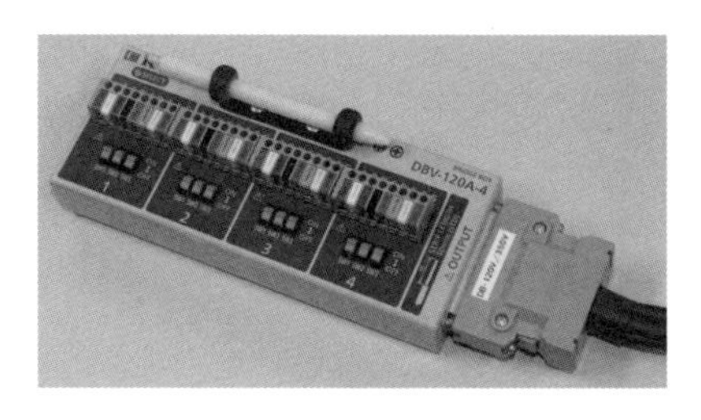

図 4.35 ブリッジボックス

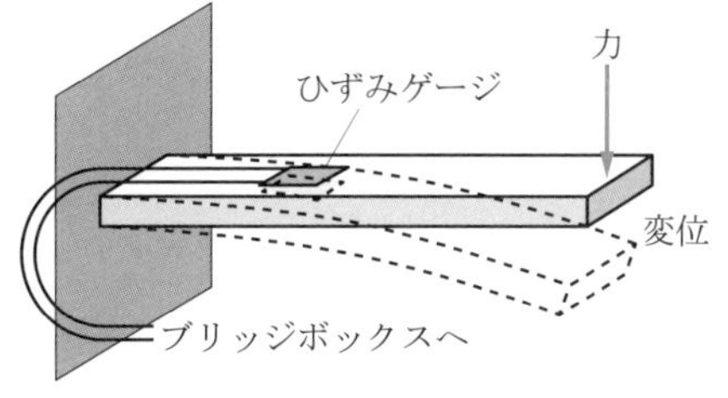

図 4.36 はりに取り付けたひずみゲージ

となり，ひずみゲージが 1 枚のときに比べて，2 倍の出力電圧を得られる．また，2 枚のひずみゲージはほぼ同じ温度であるので，温度による抵抗値の変化も相殺できる．

力の作用点と方向が変わらなければ，事前に力と出力電圧の関係を求めておくことにより（これをキャリブレーションとよぶ），力から出力電圧を逆算できる．

4.6.2 ● 圧力センサ

圧力センサは，流体や気体の圧力を計測するセンサである．油圧や空気圧で駆動するアクチュエータの制御に必要である．

図 4.37 に圧力センサの原理と外観を示す．圧力がかかると内部のダイヤフラムが変形し，その変形量をひずみゲージなどで計測することによって計測する．

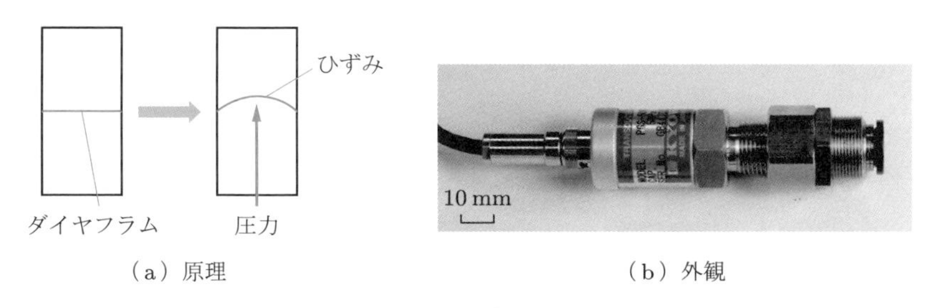

（a）原理　（b）外観

図 4.37 圧力センサ

4.6.3 ● 6 軸力センサ

6 軸力センサとは，センサに設定された座標系における，x, y, z の各軸方向の力とモーメントの成分を計測するセンサである．すでに述べたように，力やモーメントという物理量を直接計測することはできないので，物体の弾性変形を利用する．物体の弾性変形の計測方法として，従来はひずみゲージが用いられてきたが，近年では MEMS 技術が進展し，静電容量型，圧電型などが開発され，小型化，低価格化が図られている．

図 4.38 にひずみゲージ型の構造を示す．内部の起歪体(きわい)とよばれる，はりで構成された部品に多数のひずみゲージが貼られており，これらの出力と，各軸の力，モーメントを対応づけることによって計測できる．しかし，各ひずみゲージと各軸の力およびモーメントとは一対一で対応しておらず，キャリブレーションが難しいとされている．これに対しては，はりの形状が，軸力を分離できるように工夫されている．また，内部のひずみゲージは人間が手で貼っており価格が高い．なお，通常は出力を力とモーメントに換算するための数値が製品に添付される．また近年では，センサ内部のマイコン等で力とモーメントの数値を算出し，それを USB を通じてディジタル信号として PC に送るものもある．

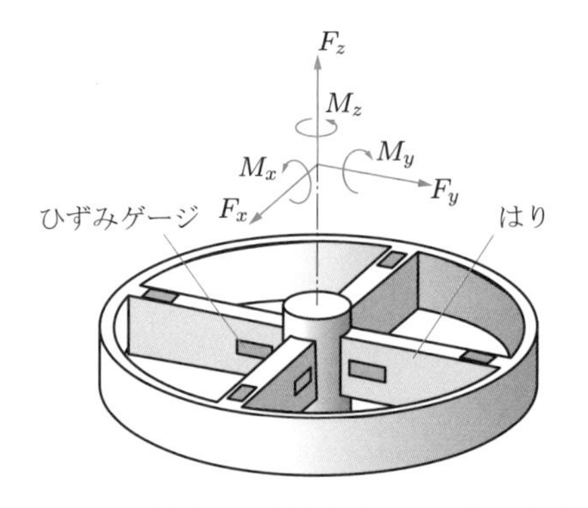

図 4.38　**6 軸力センサ構造（ひずみゲージ型）**

図 4.39　**静電容量式 6 軸力センサ**

図 4.39 に静電容量式 6 軸力センサの写真を示す．これは，USB 接続が可能なセンサであり，定格で 20 N·m，200 N のモーメントと力が計測できる．代表的な応用先は，ロボットの手先である．手先にかかる力を計測して，各種制御に応用している．

4.6.4 ● 感圧センサ

圧力を計測するセンサとして，**感圧センサ**[†]がある．図 4.40 にその原理，図 4.41 にその外観を示す．感圧センサは，電極，スペーサ，およびカーボンシートからできている．図 4.40 に示すように，圧力がないときは二つの電極は接触していない．圧力がかかり，電極が変形するとカーボンシートに接触し，カーボンシートを通して二つの電極間に電流が流れる．圧力に応じて変形量が異なり，カーボンシートと

† 一般的には，Interlink Electronics 社の商品名 FSR がよく知られている．

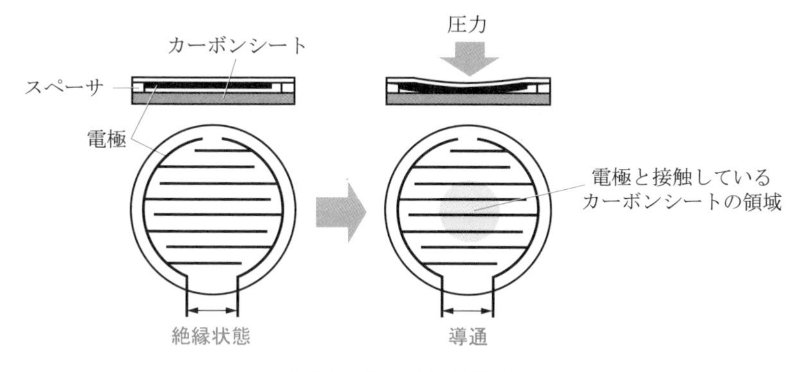

図 4.40　**感圧センサの原理**

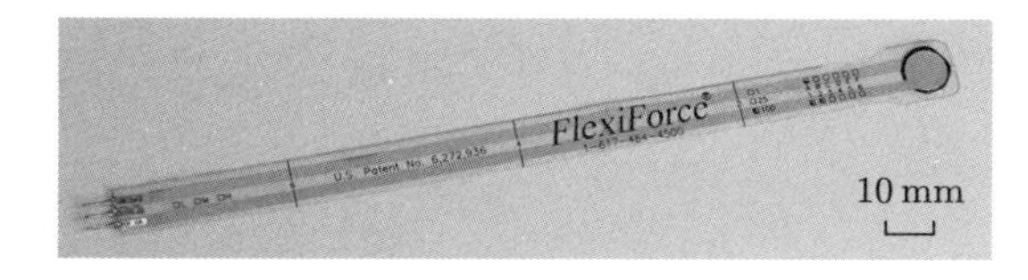

図 4.41　**感圧センサの外観**

電極との接触面積が変化するので，抵抗値の変化として圧力を測定することができる．

章末問題

4.1　ポテンショメータとロータリーエンコーダの長所と短所をまとめよ．

4.2　インクリメンタル型ロータリーエンコーダで角度分解能を 0.2° 以下としたい．スリットの数はどのぐらい必要か．

4.3　アブソリュート型ロータリーエンコーダで角度分解能を α [°] 以下としたい．何ビット分のスリットが必要か．

4.4　ひずみゲージで質量を計測したい．このとき，どのようにキャリブレーションすればよいか答えよ．

4.5　加速度センサのモデルにおいて，その質量が大きくなると計測上不利になる．どのような点で不利になるのか答えよ．

第5章 アナログセンサ情報処理

第4章で述べたセンサのうち，アナログ電圧を出力するセンサについては，増幅や演算が必要な場合がある．また，コンピュータに取り込むためにはA/D変換が欠かせない．こうした増幅・演算やA/D変換をセンサ内部で行っている場合も，基本的には同様の操作を行っている．このような，アナログセンサの情報処理について理解することは，センサによる計測・制御を行ううえで重要である．そこで，本章ではアナログセンサ情報処理に必要な，信号増幅・演算とA/D変換について述べる．また，それに関連して，D/A変換と周波数分析についても簡単に触れる．

5.1 メカトロニクスとアナログセンサ情報処理

アナログセンサから出力されるアナログ電圧は，電圧値が小さすぎる，ノイズが混入している可能性がある，といった問題から，そのままでは使えないことが多い．また，コンピュータを用いて処理を行う際には，アナログ値とディジタル値を相互に変換することが必要になる．このような，メカトロニクスにおいて必要となるアナログセンサ情報処理には，おもに次のようなものがある．

- **増幅**：アナログ電圧信号を適切な大きさに増幅する．
- **演算**：信号の加算や減算，信号の大小の比較などを行う．
- **フィルタリング**：ノイズなどの不要な信号成分を除去する．
- **A/D変換，D/A変換**：アナログ値とディジタル値を相互に変換する．
- **周波数分析**：信号に含まれる周波数成分の分布を調べる．

5.2 信号増幅・演算

5.2.1 オペアンプ

後述のA/D変換は通常 ±5 V，もしくは ±10 V の範囲で行われるので，たとえばアナログ電圧の変動が数 mV 以下と小さいとき，A/D変換器の分解能に近くなってしまい，後述の量子化誤差の影響で精度が不十分になってしまう．また，高周波成分を含むノイズがある場合，ノイズを低減するための回路であるノイズフィルタに信号を通す必要がある．ほかにも，フィードバック制御をアナログ回路で実現したい場合，現在値と目標値の差をアナログ回路で計算する必要がある．こうした信号処理に用いられるのが，**オペアンプ** (operational amplifier) である．

オペアンプは図 5.1(a) のような記号で表される．A，B の二つが入力端子，Y が出力端子である．A は負の，B は正の入力端子である．図 (b) にオペアンプの等価回路を示す．Z_i，Z_o はそれぞれ**入力**および**出力インピーダンス** (input, output impedance) を表す．インピーダンスは，直流における抵抗の概念を交流に拡張したもので，電圧と電流の比を表す．A，B の両端子の電位を V_A，V_B とすれば，出力電位は，増幅度を A_v として，$V_\mathrm{Y} = A_v(V_\mathrm{B} - V_\mathrm{A})$ である．

理想的なオペアンプは，以下の条件を満たす．

$$A_v = \infty, \quad Z_\mathrm{i} = \infty, \quad Z_\mathrm{o} = 0$$

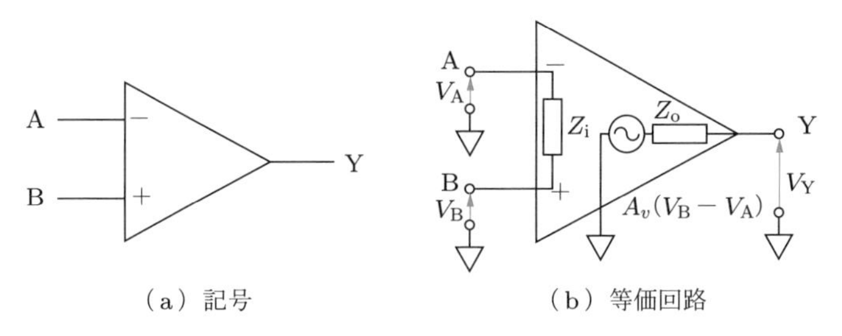

（a）記号　　（b）等価回路

図 5.1 **オペアンプ**

しかし，実際には上の条件を完全に満たす素子を作ることは不可能であるので，現実的には，入力インピーダンスと増幅度は非常に大きな値（それぞれ数 MΩ，数万倍程度）とし，出力インピーダンスは小さく（数十 Ω 程度）作られている．なお，実際のオペアンプから出力される電圧は，どれだけ増幅度を大きくしてもオペアンプを駆動する電圧より大きくはできないことに注意が必要である．

オペアンプの特性を表す指標として重要なものが**スルーレート** (slew rate) である．単位は [V/s] であり，どれだけ速く出力電圧が立ち上がるかを示している．この値によって，反応できる速さが決まるので，オペアンプの即応性を示す指標である．

オペアンプを使った回路を自作したいときは，図 5.2 のような IC として入手できる．**図 5.2** は Texas Instruments 社の IC（型番：RN4136N）で，4 個のオペア

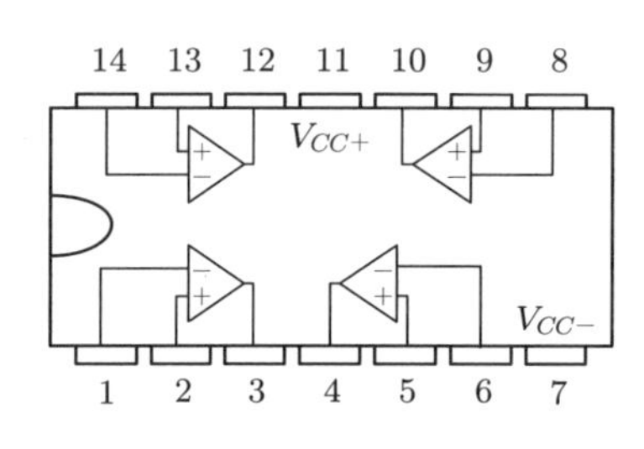

（a）ピン配置（上から見た図）

（b）外観

図 5.2　**オペアンプ IC**

ンプが入っている．14 ピンをもち，縦横の大きさは，19 mm，8 mm である．7 番と 11 番のピンには，それぞれ電源の負極と正極をつなげる．このほか多数の種類が販売されており，目的に応じて選択することが必要となる．

5.2.2 ● 反転・非反転増幅回路

オペアンプを使った代表的な増幅回路である，**反転増幅回路**を図 5.3 に示す．この回路は，出力端子からオペアンプの負端子に対して負帰還が施されている．

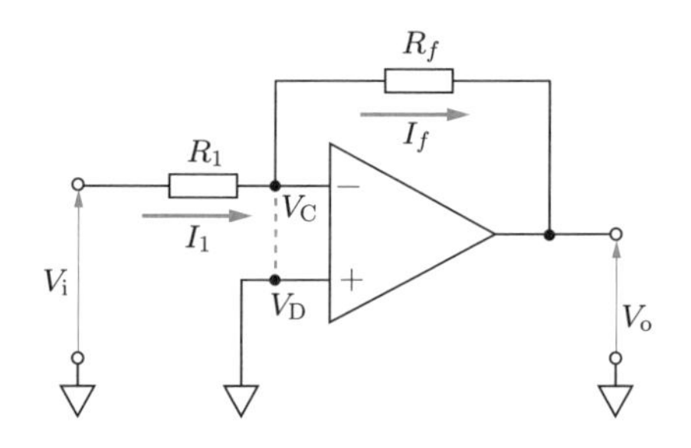

図 5.3　**反転増幅回路**

ここで重要となるのが，V_C と V_D の電位がほぼ同じとみなせる，**仮想短絡**（**イマジナリショート**：virtual short）である（なお，「イマジナリショート」は和製英語）．オペアンプの電圧増幅度 A_v は非常に大きいため，目的の電圧範囲を有限の値に収めるためには $V_C \approx V_D$ である必要がある．出力端子と負端子をつなぐと，$V_C \approx V_D$ となるように回路がはたらく．

図において，$V_C = V_D = 0$ とみなせるから，抵抗 R_1 に流れる電流を，図の向きを正として I_1 とすれば，オームの法則から

$$V_i - 0 = R_1 I_1 \tag{5.1}$$

が成立する．また，抵抗 R_f に流れる電流を図の向きに I_f とすれば，同様に，

$$0 - V_\mathrm{o} = -R_f I_f \tag{5.2}$$

となる．ここで，理想的なオペアンプでは入力インピーダンスが無限大で，オペアンプには電流が流れ込まないので，$I_1 = I_f$ である．これと，式 (5.1)，(5.2) から，次式が成立する．

$$\frac{V_\mathrm{o}}{V_\mathrm{i}} = -\frac{R_f}{R_1} \tag{5.3}$$

このように，出力電圧と入力電圧の比，すなわち増幅度が，抵抗値の比 $\times(-1)$ になっていることがわかる．これが反転増幅回路の原理である．なお，抵抗値で設定できる増幅度には限界があり，100 倍程度が一般的な限界で，手軽に使えるのは 10 倍程度である．また，入力インピーダンスを大きくして電圧を正確に伝達するため，R_1 は大きい値の抵抗がよいとされる．

図 5.4 に**非反転増幅回路**を示す．この回路では，正端子に入力電圧 V_i がかかっている．仮想短絡より $V_\mathrm{C} = V_\mathrm{i}$ である．

$$R_1 I_1 = 0 - V_\mathrm{C} = -V_\mathrm{i} \tag{5.4}$$

$$V_\mathrm{C} - V_\mathrm{o} = R_f I_f \tag{5.5}$$

また，非反転増幅回路と同様，$I_1 = I_f$ である．以上から，次の関係式が成立する．

$$\frac{V_\mathrm{o}}{V_\mathrm{i}} = 1 + \frac{R_f}{R_1} \tag{5.6}$$

増幅度は $1 + R_f/R_1$ となる．非反転増幅回路では，反転増幅回路と異なり単純に抵抗比が増幅度とはならないが，入力電圧 V_i がオペアンプの正の入力端子に直接

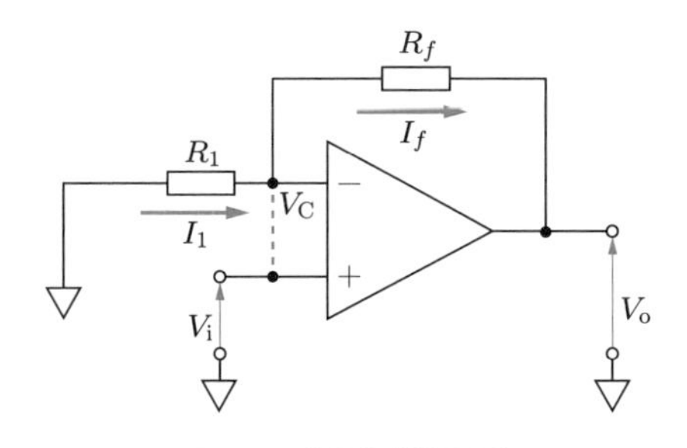

図 5.4 **非反転増幅回路**

つながれているため，入力インピーダンスが大きいという利点がある．

5.2.3 ● 加算・減算回路

加算回路の例を図 5.5 に示す．基本的には反転増幅回路と同じであるが，入力端子が n 個あり，それぞれの端子の電位が V_1, V_2, $\ldots, V_n$ である．各入力端子とオペアンプの負端子の間には同じ抵抗値 R の抵抗が接続されている．このとき，それぞれに流れる電流を I_1, I_2, $\ldots, I_n$ とすれば，$I_1 + I_2 + \cdots + I_n = I_f$ なので，

$$V_o = -(I_1 + I_2 + \cdots + I_n)R_f = -\frac{R_f}{R}(V_1 + V_2 + \cdots + V_n) \tag{5.7}$$

となり，入力電圧の和に比例した電圧が出力される．

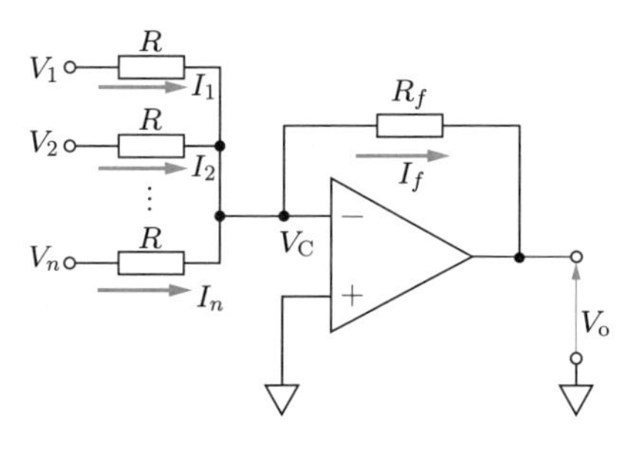

図 5.5　加算回路

次に，差を計算する回路（**減算回路**）を図 5.6 に示す．この回路は，**差動増幅回路**ともよばれる．この回路の入力電圧 V_1, V_2 と出力電圧 V_o の関係は次のようになる．

$$V_o = -\left\{\frac{R_3}{R_1}V_1 - \frac{R_4(R_1 + R_3)}{R_1(R_2 + R_4)}V_2\right\} \tag{5.8}$$

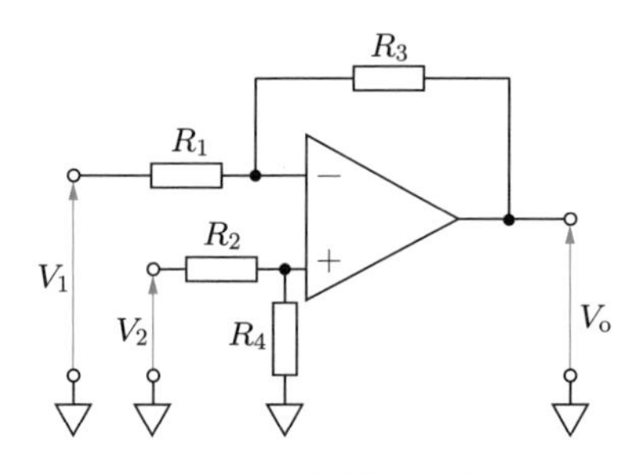

図 5.6　差動増幅回路

とくに，$R_1 = R_2$，$R_3 = R_4$ のときは次のようになり，出力電圧が V_1 と V_2 の差に比例する．

$$V_o = -\frac{R_3}{R_1}(V_1 - V_2) \tag{5.9}$$

差動増幅回路には，**同相ノイズ**を除去するという機能もある．図 5.7 に示すように，V_2 に原信号 V_1 を反転した信号を入力する場合を考える．すなわち，$V_2 = -V_1$ である．このとき，原信号にスパイク状のノイズ V_{noise} が入ったとすると，それは両方の入力端子に入る．これを同相ノイズとよぶ．二つの端子には，$V_1 + V_{\mathrm{noise}}$，$V_2 + V_{\mathrm{noise}}$ の電圧が入力されることになる．したがって，

$$V_o = -\frac{R_f}{R}\{V_1 + V_{\mathrm{noise}} - (-V_1 + V_{\mathrm{noise}})\} = \frac{-2V_1R_f}{R} \tag{5.10}$$

となる．このように，同相ノイズは相殺され，$-2V_1R_f/R$ の信号が出力されることになる．

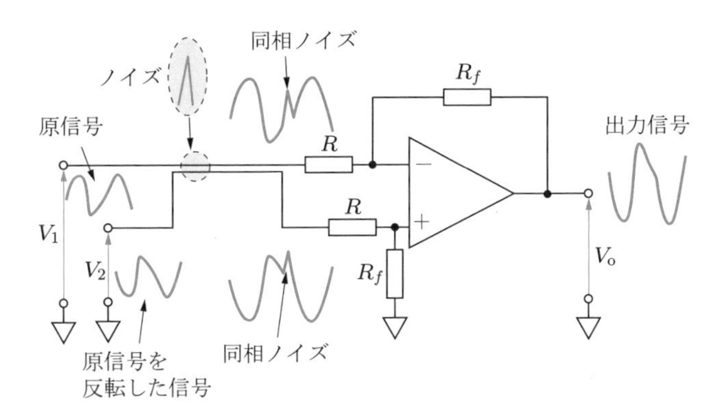

図 5.7　差動増幅回路による同相ノイズ除去

5.2.4 ● フィルタ回路

コンデンサを使うと，微分や積分回路が実現できる．微分や積分回路は，低周波もしくは高周波成分を低減する機能をもつ．ここでは積分回路について説明する．

図 5.8 に**積分回路**の原理を示す．反転増幅回路の負帰還の抵抗の代わりに，コンデンサを用いている．図の向きにコンデンサを流れる電流 $I_C = -C\mathrm{d}V_o/\mathrm{d}t$ であり，$I_1 = I_C$ であるから，

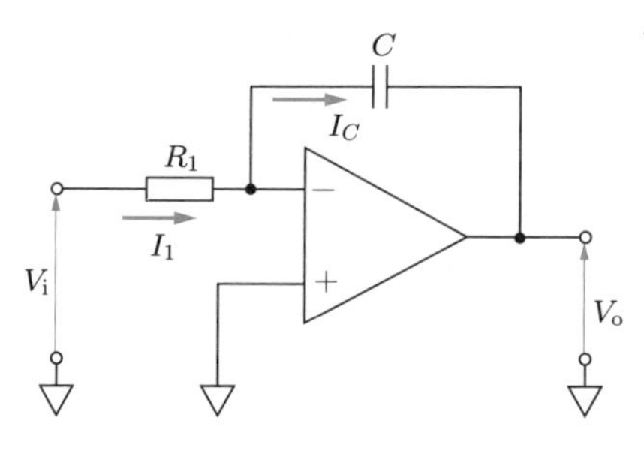

図 5.8　**積分回路（原理図）**

$$\frac{V_\mathrm{i}}{R_1} = -C\frac{\mathrm{d}V_\mathrm{o}}{\mathrm{d}t} \tag{5.11}$$

である．したがって，

$$V_\mathrm{o} = -\frac{1}{CR_1}\int V_\mathrm{i}\,\mathrm{d}t \tag{5.12}$$

となる．入力電圧の積分として出力電圧が得られるので，これを積分回路という．

実用的には，図 5.9 に示すように，コンデンサと並列に抵抗 R_2 を入れる．これは，式 (5.11) では，V_i が直流成分を含む場合，時間とともに出力電圧が増え，増幅度が大きくなりすぎたり，コンデンサが飽和したりしてしまうからである．

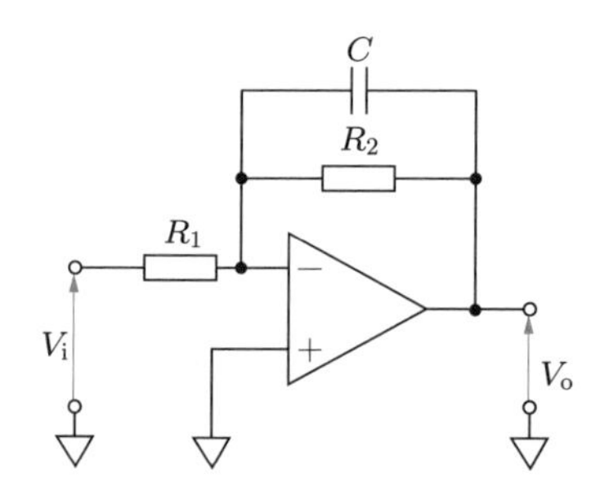

図 5.9　**実用積分回路**

図 5.9 では，入出力電圧の関係は次式で表される．

$$\frac{V_\mathrm{i}}{R_1} = -\frac{V_\mathrm{o}}{R_2} - C\frac{\mathrm{d}V_\mathrm{o}}{\mathrm{d}t} \tag{5.13}$$

この回路の入力電圧と出力電圧の比は，信号の周波数を $f = \omega/2\pi$ とすると，

$$\frac{|V_\mathrm{o}|}{|V_\mathrm{i}|} = \frac{R_2}{R_1\sqrt{1+(\omega CR_2)^2}} = \frac{R_2}{R_1\sqrt{1+(2\pi fCR_2)^2}} \tag{5.14}$$

と表される．ここで，$f \gg 1/2\pi CR_2$ のときは，

$$\frac{|V_\mathrm{o}|}{|V_\mathrm{i}|} \approx \frac{1}{2\pi fCR_1} \tag{5.15}$$

であるので，周波数が高くなるほど増幅度は小さくなる．$f \ll 1/2\pi CR_2$ のときは，

$$\frac{|V_\mathrm{o}|}{|V_\mathrm{i}|} \approx \frac{R_2}{R_1} \tag{5.16}$$

となり，反転増幅回路と同じになる．$f = 1/2\pi CR_2$ は**カットオフ周波数**や**遮断周波数**とよばれ，ゲインが約 3 dB 減少したときの周波数である．ゲインとは，$20\log(V_\mathrm{o}/V_\mathrm{i})$ で計算される値で，単位は [dB] である（8.6.2 項および付録 A.3 参照）．

上記のとおり，実用積分回路は低い周波数の信号をほぼ一定の増幅度で増幅し，高い周波数の信号ほど増幅度を下げる機能をもつ．この機能は，**ローパスフィルタ** (low pass filter) とよばれる．図 5.10 にその特性を示す．コンデンサと抵抗の値を適切に定めることによって，望ましい特性のフィルタを得ることができる．しかし，増幅度だけでなく位相も変化してしまうので，フィルタ設計は簡単ではない．図 5.9 は簡易なローパスフィルタだが，実用的には位相なども考慮した，より複雑なフィルタ回路が用いられる．また，フィルタ回路の機能をパッケージ化したものもある．図 5.11 は，その一つの例で，抵抗同調型ローパスフィルタである（NF 回路設計ブロック，SV-4BL1）．外付けの可変抵抗で，遮断周波数を調整できる．

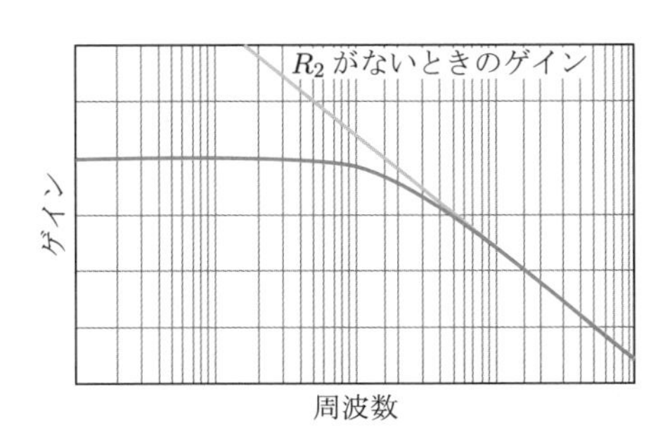

図 5.10　**積分回路のゲイン**

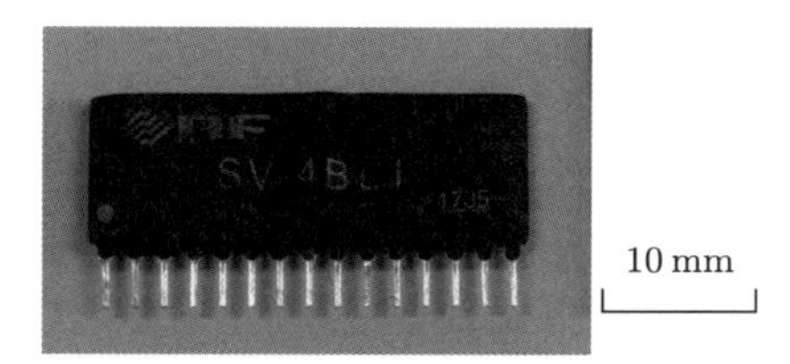

図 5.11　抵抗同調型ローパスフィルタ

5.2.5 ● コンパレータ

図 5.12 に，**コンパレータ**（comparator：比較回路）の回路図と出力の概略図を示す．図 (a) に示すように，オペアンプの正負の端子に電圧をかけてある．図 (b) に示すように，この回路において，もし $V_1 > V_2$ なら $V_o = -V_s$ が，$V_1 < V_2$ ならば $V_o = V_s$ が出力される．V_s の値は，駆動電圧によって規定される．理想的なオペアンプは増幅度が無限大であるが，実際のオペアンプは駆動電圧によって出力できる電圧が決まってしまう．この特性を利用した回路で，V_1 と V_2 の大小の比較ができる．

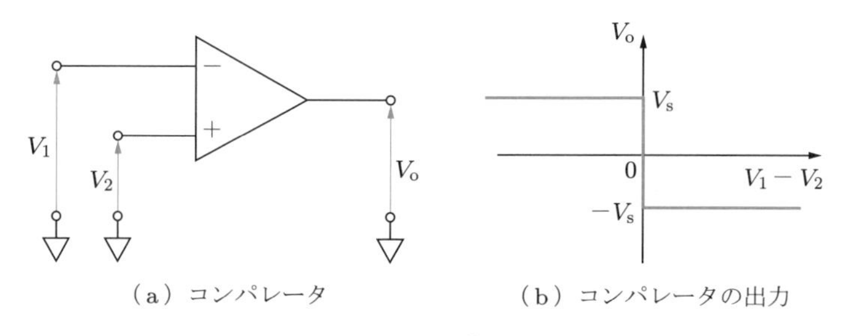

図 5.12　コンパレータ

5.2.6 ● 電圧フォロワ

図 5.13 に**電圧フォロワ** (voltage follower) を示す．この回路においては，$V_i = V_o$ であり，電圧の増幅はしない．この回路が重要なのは，入出力インピーダンスを調

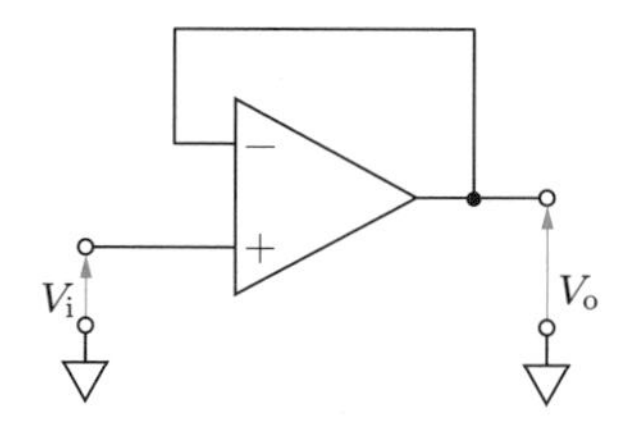

図 5.13　電圧フォロワ

整できるためである．

図 5.14(a) のように，信号源などの出力側回路の出力を，計測器などの入力側回路に入力する場合を考える．Z_o と Z_i はそれぞれ，出力および入力インピーダンスである．このとき，入力側に伝わる電圧 V は次式で表される．

$$V = \frac{Z_i V_s}{Z_o + Z_i} = \frac{V_s}{Z_o / Z_i + 1} \tag{5.17}$$

この式において $Z_o \ll Z_i$ のとき，すなわち，出力インピーダンスが，入力インピーダンスより十分小さいとき，$V \approx V_s$ とみなせる．しかし実際の回路では，この条件が満たされるとは限らない．そこで，図 (b) のように，出力側回路と入力側回路の間に電圧フォロワを挿入し，出力側回路をオペアンプの入力端子に，入力側回路をオペアンプの出力端子につなぐ．理想オペアンプは入力インピーダンスが無限大で，出力インピーダンスが 0 であるから，どのような出力側回路，入力側回路であっても，上記の条件が満たされ，正確に電圧を伝達することができる．

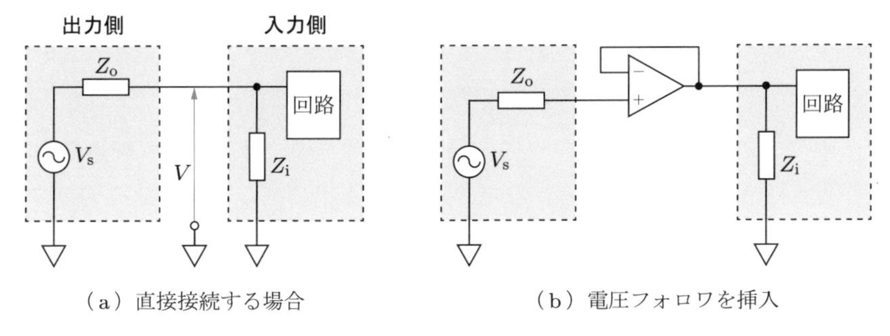

（a）直接接続する場合　（b）電圧フォロワを挿入

図 5.14　**入出力インピーダンスの調整**

5.2.7 ● 計装増幅器

オペアンプの応用回路として，**計装増幅器** (instrumentation amplifier) を図 5.15 に示す．R_1 は可変抵抗を表し，**図 4.8** の①と②，もしくは②と③の間の抵抗を意味する．

図において，オペアンプ C は差動増幅回路と同じである．オペアンプ A と B の出力電圧をそれぞれ V_A，V_B とすれば，式 (5.9) より，

$$V_o = \frac{R_4}{R_3}(V_B - V_A) \tag{5.18}$$

が成立する．次に，V_A と V_B を求める．オペアンプ A と B の負端子の電位は，仮

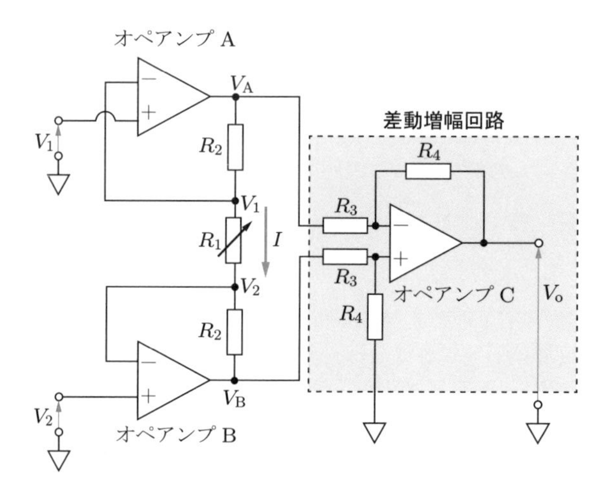

図 5.15　**計装増幅器**

想短絡であることを考慮すると，それぞれ V_1，V_2 であるので，可変抵抗 R_1 に流れる電流 I は次式で求められる．

$$I = \frac{V_1 - V_2}{R_1} \tag{5.19}$$

また，オペアンプは入力インピーダンスが非常に大きく，オペアンプの負端子に流れ込む電流は 0 であると考えられるので，R_1 の上下にある二つの抵抗 R_2 にも電流 I が流れているとしてよい．このことから以下の式が成立する．

$$V_A - V_1 = IR_2 = \frac{R_2}{R_1}(V_1 - V_2) \tag{5.20}$$

$$V_2 - V_B = IR_2 = \frac{R_2}{R_1}(V_1 - V_2) \tag{5.21}$$

これらから，次式が求められる．

$$V_B - V_A = -\left(1 + \frac{2R_2}{R_1}\right)(V_1 - V_2) \tag{5.22}$$

上式を式 (5.18) に代入すれば，次式が得られる．

$$V_o = -\frac{R_4}{R_3}\left(1 + \frac{2R_2}{R_1}\right)(V_1 - V_2) \tag{5.23}$$

この式から，単に差動増幅回路を使うよりも増幅度が大きくなっていることがわかる．このように，オペアンプを多段で使うことにより増幅度の向上が見込める．

それに加えて，増幅度を可変抵抗 R_1 だけで変更できることも重要である．**図 5.15** の差動増幅回路だけで増幅度を変えようとした場合，二つの R_4 の抵抗値を変更することが必要になる．しかし，厳密に同じ抵抗値に変更することは困難で，若干の誤差が伴ってしまい，出力電圧に影響を与える．それに対して，計装増幅器では抵抗 R_1 のみの変更で全体の増幅度を調整できる．

また，オペアンプ A と B にはほとんど電流が流れないので，入力電圧 V_1 と V_2 が正しく伝えられるという利点もある．

5.3 A/D 変換とサンプリング定理

メカトロニクスの発展の理由として，コンピュータの発展が挙げられる．しかし，アナログセンサとコンピュータの両方を使う場合，アナログセンサより出力されたアナログ電圧を，コンピュータに取り込む必要がある．コンピュータに取り込むためには，アナログ電圧を離散量であるディジタル値，とくに 2 進数に変換する必要がある．これを **A/D 変換** (analog to digital conversion) という．本節では，アナログとディジタル，および A/D 変換の基礎について説明する．

5.3.1 ● 連続量と離散量

アナログ (analog) とは，連続量のことである．アナログ電圧は，時間的，および電圧値において連続であり，途中で途切れることがない．これに対して**ディジタル** (digital) とは，離散量のことである．ディジタル値は，とびとびの値，すなわち階段状の値をとる．10 進数で小数第 1 位を四捨五入することを考えよう．この場合，たとえば 9 から 10 の間の値に対しては，9.5 未満は 9，9.5 以上は 10 となり，9 と 10 の間の数字は考えない．ディジタルでは，このように離散的な値として考える必要がある．

コンピュータでは，2 進数を扱う．2 進数では 0 と 1 の二つの数字の組み合わせで，さまざまな数を表現することになる．したがって，10 進数と比べて必然的に桁数が多くなる．具体的には，0，1，10，11，100，101，110，111，1000，$\cdots$ と増えていくことになる．

5.3.2 ● サンプリング（標本化）

コンピュータは離散量しか扱えないので，アナログ電圧などの連続量は，一定の時

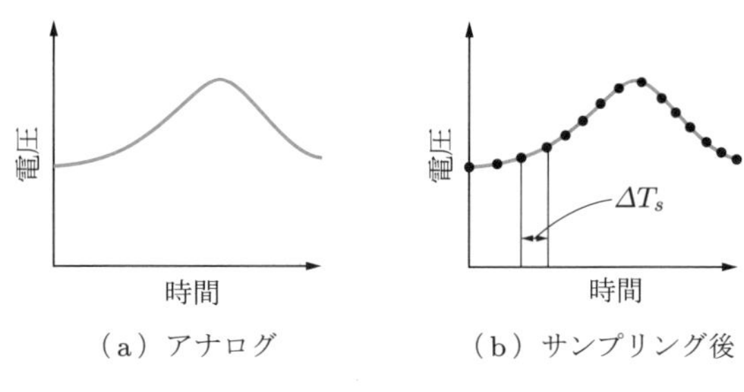

図 5.16　**サンプリングの概念図**

間間隔で区切ってその代表値を取り出す必要がある．この，一定の時間間隔ごとにデータを取り出すことを**サンプリング** (sampling, 標本化) という．サンプリングとサンプリングの間の一定の時間間隔 ΔT_s [s] を**サンプリング周期** (sampling period) といい，その逆数 $f_s(=1/\Delta T_s)$ [Hz] を**サンプリング周波数** (sampling frequency) という．図 5.16 にサンプリングの概念図を示す．サンプリング後は一定時間ごとの電圧のデータしか残らず，サンプリングの間のデータは，コンピュータには記録できない．

サンプリング周波数は，1 秒間あたり何個のデータを記録するかを示す値であり，非常に重要な値である．その値が大きければ大きいほど細かくデータをとれるが，あまり大きいとデータが多くなりすぎてしまう．効率の面では，できるだけ低いサンプリング周波数が望ましい．どの程度のサンプリング周波数が下限かを示す値として，**サンプリング定理** (sampling theorem) がある．サンプリング定理とは，信号に含まれるもっとも高い周波数成分を f [Hz] としたとき，

$$f_s > 2f \tag{5.24}$$

となるように設定すれば，A/D 変換された信号から原信号を復元できる，というものである．理論的には，理想的な条件下であれば，式 (5.24) を満たせば原信号を復元できる．しかし，現実にはそうした理想的な条件を満たす場合はなく，原信号の最高周波数の 2 倍より余裕をもって大きいサンプリング周波数を設定したほうがよい．

図 5.17 に，原信号が 40 Hz の正弦波 $\sin(2\pi \cdot 40t + \pi/3)$ を，40 Hz の 2.5 倍である 100 Hz でサンプリングした結果と，その信号を復元した様子を示す．図の破線が原波形であり，プロット点が計測値である．図 (a) は表計算ソフトのグラフ描画機能を用いて曲線を描いた様子を，図 (b) はフーリエ解析の理論を用いた復元曲

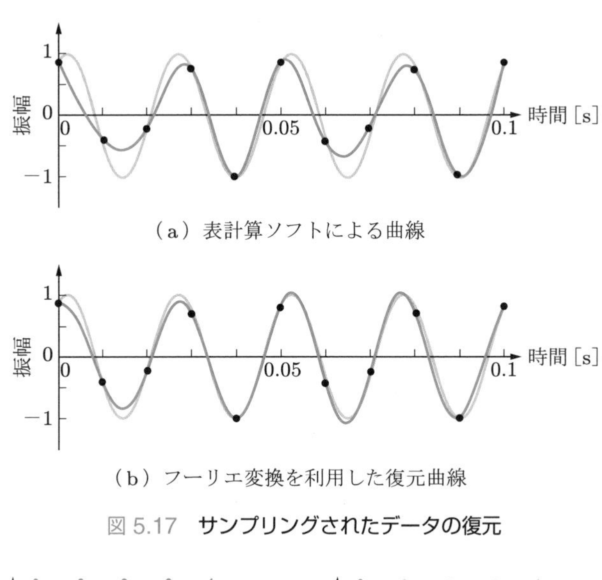

（a）表計算ソフトによる曲線

（b）フーリエ変換を利用した復元曲線

図 5.17　**サンプリングされたデータの復元**

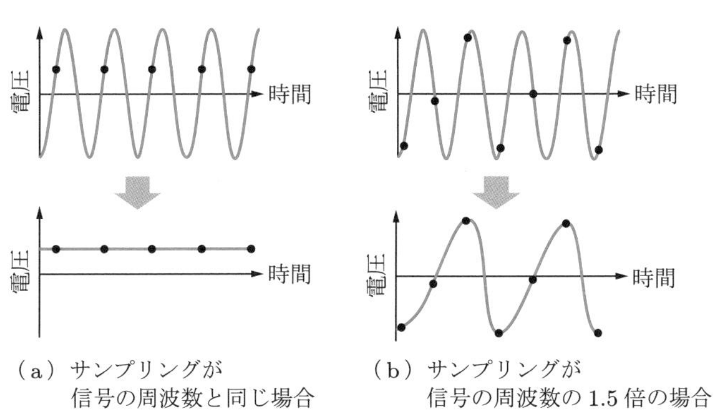

（a）サンプリングが
信号の周波数と同じ場合

（b）サンプリングが
信号の周波数の 1.5 倍の場合

図 5.18　**エイリアシング**

線を示す．この図に示すように，図 (b) では完全ではないものの，信号をある程度復元できることがわかる．図 (a) のような表計算ソフトのグラフ作成機能でより正確なグラフを得るためには，計測しようとする信号の周波数の 10〜20 倍程度のサンプリング周波数が望ましい．

もしサンプリング定理を満たさないと，エイリアシングという現象が生じ，偽信号とよばれる，本来存在しない信号が見えてしまう．たとえば，図 5.18 のように，サンプリング周波数と正弦波信号の周波数が同じ場合と，1.5 倍の場合を考えてみよう．サンプリング周波数が信号の周期と同じ場合は，原理的にはつねに一定の電圧が記録されることになる．また，1.5 倍のときは，本来は存在しない，もとの半分の周期の信号が見えることになる．これがA/D変換の際にサンプリング周波数に注意しなければならない理由の一つである．ほかにも，信号に高い周波数のノイズが含まれると，ノイズによって偽信号が生じる可能性がある．そのため，あらかじめフィルタ回路（アンチエイリアシングフィルタ）を通して高周波成分を除去し，信号に含まれる周波数成分がサンプリング周波数の1/2未満となるようにする必要がある．

5.3.3 ● 量子化

サンプリングは時間に関してのものだったが，**量子化**は，データを数値化（2進数化）することである．コンピュータは2進数を用いているので，数値は0か1で表される．2進数の桁数が多ければ多いほど細かく電圧を表現できることになるが，それだけ変換時間はかかる．その桁数をビット (bit) 数という．ビット数を n とすれば，0と1の組み合わせは 2^n 個ある．現在では，コンピュータによる計測で12〜24 bit程度が標準である．小型のワンチップマイコンでは8〜10 bit程度であることもある．

ビット数が12の場合は，$2^{12} = 4096$ 通りの組み合わせがある．±10 Vで計測する場合，+10 V〜−10 Vを0〜4095までの4096個の区間に分割するので，$20/4096 \approx 0.00488$ Vごとに2進数の数値を変化させることになる．この0.00488 Vが区別できる最小の電圧差である．これは，A/D変換器の分解能とよばれている．もっとも小さい桁を表すビットをLSB (least significant bit)，もっとも大きな桁を表すビットをMSB (most significant bit) とよぶ．分解能は，1 LSB分の電圧値である．

また，量子化に伴い，誤差が生じることは避けられない．図5.19に示すように，

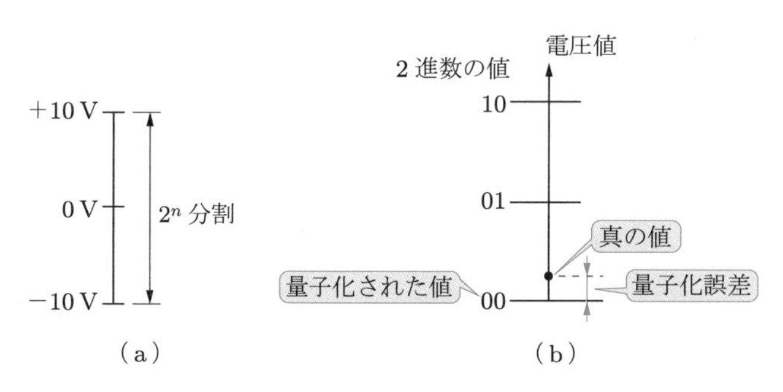

図5.19　量子化の概念図と量子化誤差

真の値は必ずしも量子化された値（図では 00）と同じではない．この図の例で真の値がそれよりも小さい 00 に変換されたように，分解能未満の誤差が必ず生じる．これを**量子化誤差**とよぶ．本来，連続量で無限小まで電圧値があるはずのものを，ある値に丸めてしまうので，量子化誤差は丸め誤差ともよばれる．真の値はわからないため，量子化誤差の実際の値はわからない．

では，最大でどの程度の誤差が生じるであろうか．図 5.20 では，その概念図を示している．アナログ電圧が分解能分上昇するたびに，2 進数が増加している．たとえば，分解能の半分より大きかったら 0011，小さかったら 0010 になるように変換するとする．この場合，量子化誤差の最大値は，分解能の半分である．

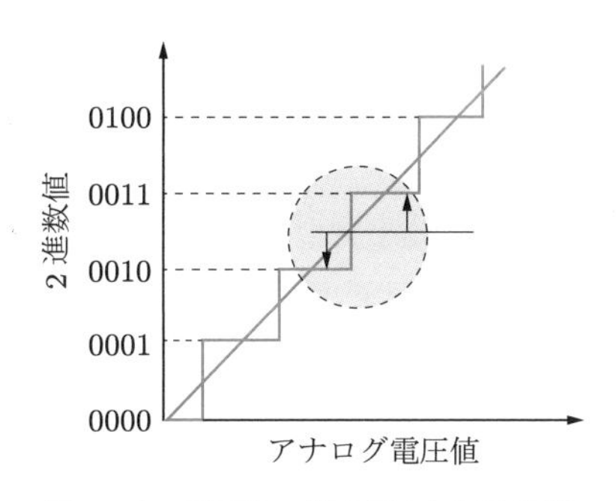

図 5.20 **量子化の概念図と量子化誤差**

分解能を高くするほど量子化誤差は小さくできるが，実際には，測定値にはアナログ回路による誤差と量子化誤差の両方が含まれる．したがって，たとえ分解能が高くても，アナログ回路の誤差が大きければ，高い分解能は意味をなさない．

5.3.4 ● A/D 変換の方式

A/D 変換の方式にはいくつかある．表 5.1 にその種類を示す．ここでは，もっとも代表的な**逐次比較型**について説明する．逐次比較型は，1 ビットずつ値を確定

表 5.1 **A/D 変換の種類**

種類	特徴
逐次比較型	もっとも一般的な方法であり，MSB から 1 ビットずつ決定していく．
積分型	入力電圧を一定時間積分し，パルス幅の時間などに変換．それから入力電圧値を得る．高精度だが変換時間がかかる．
ΔΣ 型	入力電圧をパルス密度信号に変換し，ディジタル値を得る．容易に高精度，高分解能が得られる．オーディオや計測に使用される．

していく方法である．まず，MSB（最上位の桁）のビットを1，それ以外のビットを0とする．D/A変換により，その値をアナログ電圧Vに変換する．それを信号の電圧V_sと比較し，$V \leq V_s$ならばMSBのビットを1のままにし，$V > V_s$ならばMSBのビットを0にする．MSBの次の桁のビットを1にし，MSBの場合と同様に電圧を比較し，ビットを確定する．これをすべての桁について行い，2進数の値を確定する．具体例として，図5.21に4ビットの場合の概念図を示す．

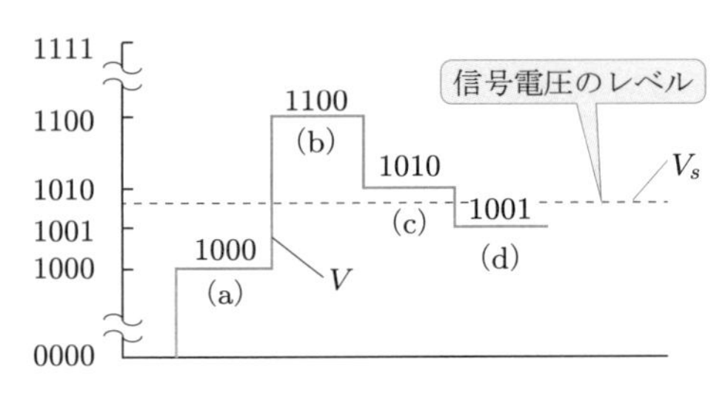

図5.21　逐次比較型A/D変換の概念図

1ビットずつ逐次比較していく間は，信号の電圧を一定に保つ必要がある．このため，**サンプル・ホールドアンプ**とよばれる回路により，A/D変換中の信号電圧を保持する．

5.3.5 ● マルチプレクサとマルチADC

一般に，コンピュータを用いて計測を行う際は複数チャンネルで計測することが多い．A/D変換を同時に行うためには，すべてのチャンネルについてA/D変換器（A/D converter: ADC）を用意する必要があるが，価格面から難しい場合がある．そこで，擬似的に複数チャンネルを計測する方法として，**マルチプレクサ** (multiplexer) 方式がとられることが多い．図5.22(a)にその概念図を示す．これは，すべてのチャンネルを同時にA/D変換するのではなく，1チャンネルごと

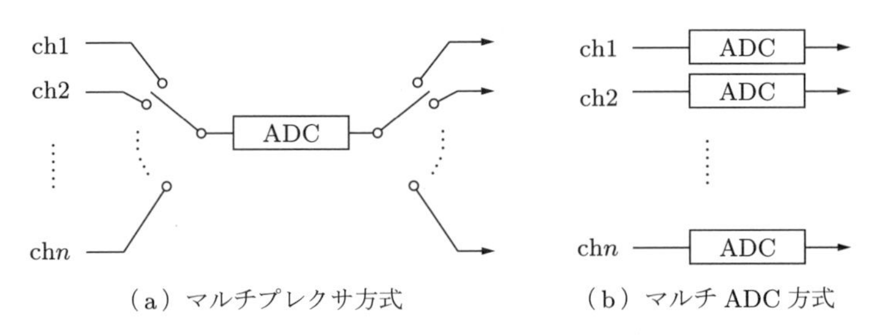

図5.22　マルチプレクサとマルチADC方式の概念図

に電子的なスイッチでチャンネルを切り替えて A/D 変換していく方法である．この方式では，すべてのチャンネルを同時に A/D 変換することは不可能であり，各チャンネルの計測時間に微小な時間のずれ（数 μs 程度．機器によって異なる）が生じる．厳密に同時刻のデータを取得したい場合は，図 (b) に示す各チャンネルに A/D 変換器を用意した**マルチ ADC** 方式を用いる必要がある．

チャンネル 1 とチャンネル 2 には同じ正弦波信号が入力されているとして，どの程度ずれるか推定する方法を紹介する．チャンネル 1 とチャンネル 2 に同じ正弦波信号を入力した場合，図 5.23 のように得られる電圧値に差が生じる．入力信号の振幅を A，隣り合うスリットパターンのビット変化は一つのみに限られるので，入力信号の角周波数を ω（$= 2\pi f$，f は入力信号の周波数），チャンネル 1 の A/D 変換の時刻を t，チャンネル 2 の A/D 変換の時刻を $t + \Delta t$ とする．チャンネル 2 の信号からチャンネル 1 の信号を引くと，次式が成り立つ．

$$
\begin{aligned}
&A \sin \omega(t + \Delta t) - A \sin \omega t \\
&\qquad = 2A \cos \frac{\omega(t + \Delta t) + \omega t}{2} \sin \frac{\omega(t + \Delta t) - \omega t}{2} \\
&\qquad = 2A \cos\left(\omega t + \frac{\omega \Delta t}{2}\right) \sin \frac{\omega \Delta t}{2}
\end{aligned}
\tag{5.25}
$$

ここで，$\omega \Delta t$ が非常に微小，すなわち $\omega \Delta t \ll 1$ と仮定すれば，

$$
\cos\left(\omega t + \frac{\omega \Delta t}{2}\right) \approx \cos \omega t, \quad \sin \frac{\omega \Delta t}{2} \approx \frac{\omega \Delta t}{2}
$$

とみなせるから，

$$
A \sin \omega(t + \Delta t) - A \sin \omega t \approx A\omega \Delta t \cos \omega t \tag{5.26}
$$

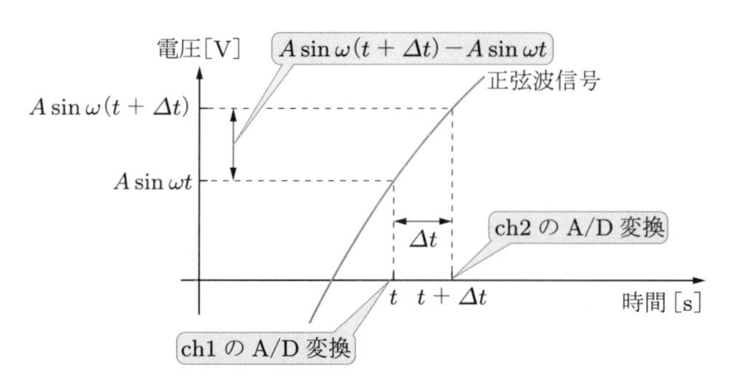

図 5.23 チャンネル 1 と 2 の時間差

と近似できる．上式は，二つのチャンネルにおける電圧の差が，振幅 $A\omega\Delta t$ の余弦波信号になっていることを示す．また，このことから，周波数の大きい信号ほど，差の最大値 $A\omega\Delta t$ が大きくなることがわかる．

5.3.6 ● 入力方法

A/D 変換器への入力方法として，**シングルエンド入力**と**差動**（ディファレンシャルエンド）**入力**がある．図 5.24 に示すように，シングルエンド入力では GND と信号線との間の電圧を A/D 変換する．すなわち，片方の電圧は変化しない．このためノイズが信号に混入すると，それはそのまま A/D 変換される．これに対して差動入力では，図 5.25 に示すように，二つのチャンネル間の差を A/D 変換する．差動入力では，**図 5.7** で示したのと同じ原理で同相ノイズを相殺することができるが，一つの信号に対して 2 チャンネルを使うので，A/D 変換できる信号の数が半分になる．

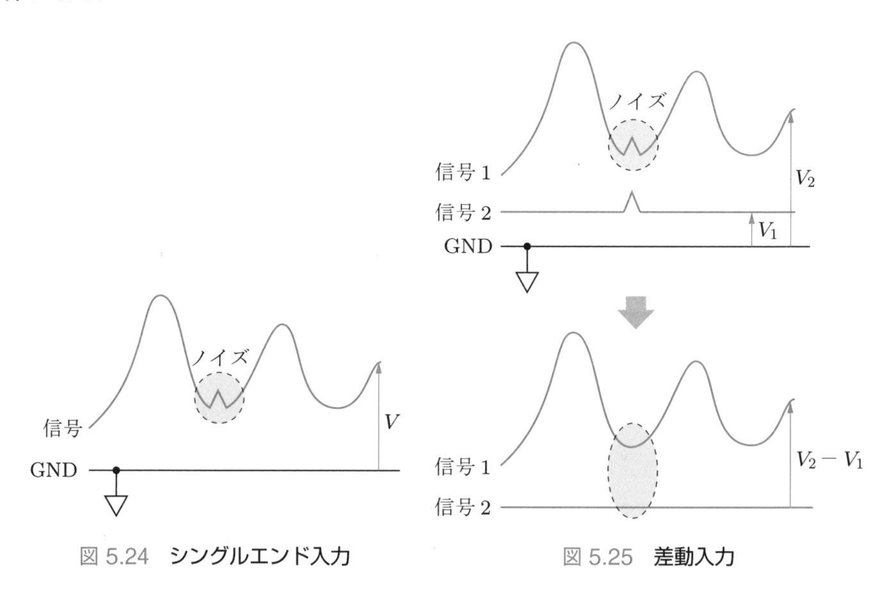

図 5.24　シングルエンド入力　　図 5.25　差動入力

5.4　D/A 変換

A/D 変換の逆の処理が，**D/A 変換**である．アナログセンサ情報処理において D/A 変換を用いることはあまりないが，逐次比較型 A/D 変換において，D/A 変換で出力された電圧と入力電圧を比較しており，また，A/D 変換とセットと考えられるので，ここで説明する．D/A 変換は，PC などからアナログ機器に，アナログ信号の指令値を送る際にも必要になる．

5.4.1 ● D/A 変換の特徴

D/A 変換は，コンピュータ内の数値をアナログ電圧に変換することである．A/D 変換のときと同様，ビット数が分解能を定める重要な数値である．出力できるアナログ電圧の範囲には，±5 V，±10 V などがあり，機器によって異なる．この値をソフトウエアなどの設定により変更できるものもある．また，最小で何秒ごとにデータを出力できるのかも，機器によって決まっている．出力電圧を何秒ごとに変更するかは，ソフトウエアによって変更可能である．

5.4.2 ● はしご型 D/A 変換器

図 5.26 に，**はしご型 D/A 変換器**の概念図を示す．この図においてスイッチとして描いているのは，各ビットの数値と考える．すなわち，スイッチが電圧 V_r につながると 1，グラウンドにつながると 0 が入ると考える．このためスイッチはビット数分だけある．もっとも上のスイッチが MSB，もっとも下のスイッチが LSB で

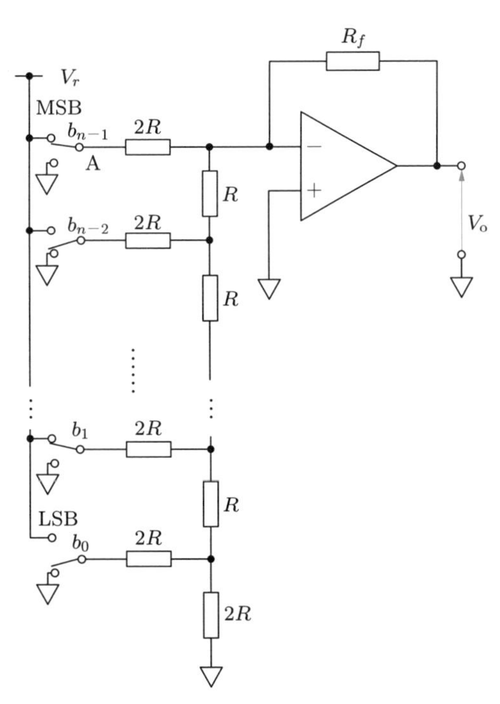

図 5.26 はしご型 D/A 変換器

ある．$2R$ と R の抵抗を図のように並べる．この抵抗の様子がはしごのように見えるので，はしご型 D/A 変換器とよばれる．

次に，D/A 変換の式について説明する．図 5.27(a) のような回路（の一部）を考える．オームの法則から，次の 2 式が成立する．

$$V_1 - V_x = 2RI_1 + R(I_1 + I_2) \tag{5.27}$$

$$V_2 - V_x = 2RI_2 + R(I_1 + I_2) \tag{5.28}$$

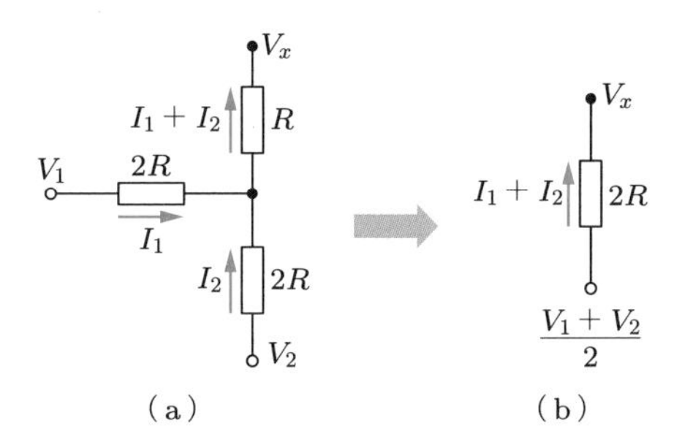

図 5.27　抵抗の書き換え

この両辺をそれぞれ足して式変形すると，以下の式になる．

$$\frac{V_1 + V_2}{2} - V_x = 2R(I_1 + I_2) \tag{5.29}$$

これは，図 (b) を表す式である．すなわち，図 (a) は，図 (b) に書き換えられる．この書き換えを図 5.26 に適用すると，最終的に図 5.28 のように書き換えられる．ここで，仮想短絡から点 A の電位は 0 V，また，オペアンプに流れ込む電流は 0 A

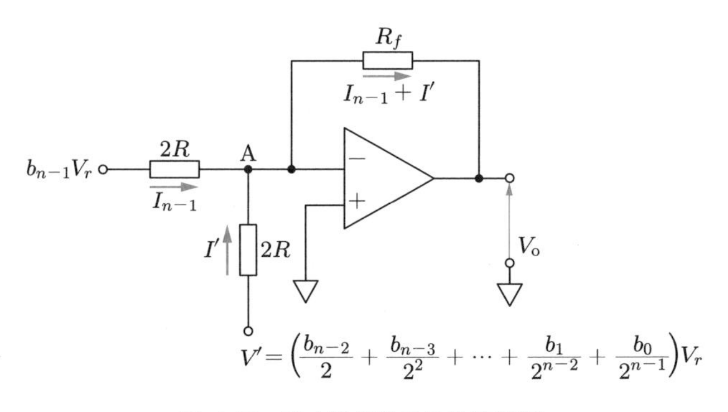

図 5.28　書き換え後の D/A 変換器

とみなせるから，次の 2 式が成立する．

$$(I_{n-1} + I')R_f = \left(\frac{b_{n-1}V_r}{2R} + \frac{V'}{2R} \right) R_f = -V_\mathrm{o} \tag{5.30}$$

$$V' = \left(\frac{b_0}{2^{n-1}} + \frac{b_1}{2^{n-2}} + \cdots + \frac{b_{n-2}}{2} \right) V_r \tag{5.31}$$

これらの式から，以下の関係が求められる．

$$V_\mathrm{o} = -\left(\frac{b_{n-1}}{2} + \frac{b_{n-2}}{2^2} + \frac{b_{n-3}}{2^3} + \cdots + \frac{b_1}{2^{n-1}} + \frac{b_0}{2^n} \right) \frac{R_f}{R} V_r \tag{5.32}$$

b_i は，**図 5.26** に示すように第 $i+1$ ビット目のスイッチが入っているかどうかを示しており，スイッチが入っていれば 1 が，入っていなければ 0 が入る．たとえば，$b_{n-1} = 1$ でそのほかは 0 の場合，

$$V_\mathrm{o} = -\frac{1}{2} \frac{R_f}{R} V_r \tag{5.33}$$

となり，最大電圧の半分の電圧となる．この b_i の組み合わせは 2^n 個あり，分解能は $-R_f V_r / 2^n R$ である．

はしご型 D/A 変換器は，同じ抵抗値を多数用意する必要があり，抵抗値の精度が D/A 変換器の精度に影響を与える．

5.5　周波数分析

得られたデータを分析する際，**周波数分析**をしたいときがある．たとえば，音はさまざまな周波数の音が合成されている．また，生体信号である脳波には，リラックス時に強く出る α 波をはじめ，さまざまな周波数の波が混在していることが知られている．このような，信号の周波数成分の強さの分析方法として，周波数分析がある．周波数分析の応用としては，前述の脳波でいえば，脳波の周波数に基づくロボットの制御が考えられる．また，ある周波数の音が聞こえたらロボットが何かの作業を行うことなどが考えられる．

その周波数分析の基礎となっているのは，**フーリエ変換**である．フーリエ変換では，計測された波形をさまざまな周波数の正弦波の合成として表す．

たとえば，図 5.29 の左図は，$\sin x$, $\sin 2x$, $\sin 3x$, $\sin 4x$ の正弦波である．これらを足し合わせれば，右図のような少し複雑な波形となる．この逆の過程を使っ

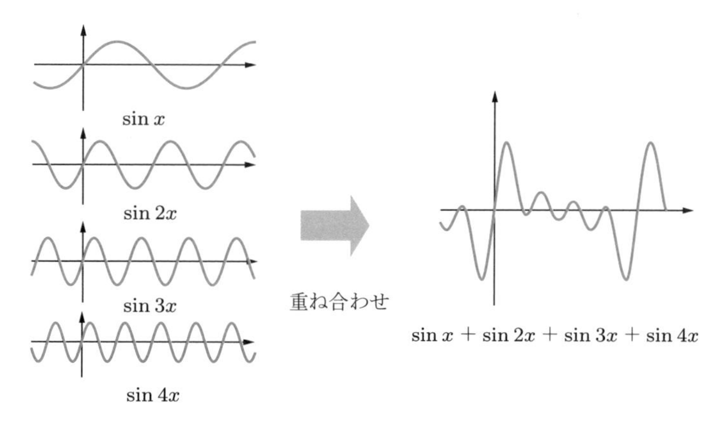

図 5.29　**正弦波の合成**

て，周波数ごとの強度を計算する方法がフーリエ変換である．

現実には，**FFT**（fast Fourier transfer：**高速フーリエ変換**）とよばれる手法がよく使われる．図 5.30 に，$y = \sin(2\pi \cdot 30t) + \sin(2\pi \cdot 70t + \pi/4)$ という，30 Hz と 70 Hz の正弦波信号を合成した信号を示す．この信号を，サンプリング周波数 0.001 s でサンプリングし，それに Scilab というフリーのソフトウエアで FFT を施すと，図 5.31 のようになる．このグラフを周波数スペクトルとよぶ．**図 5.31** に示すように，周波数が 30 Hz と 70 Hz の付近で強度が最大になっていることがわかる．このように取得したデータを後で解析するだけでなく，解析ソフトウエアを用いれば，PC 上でリアルタイムに周波数スペクトルを見ることも可能である．また，ハードウエア上で FFT を行うことができる機器もある．

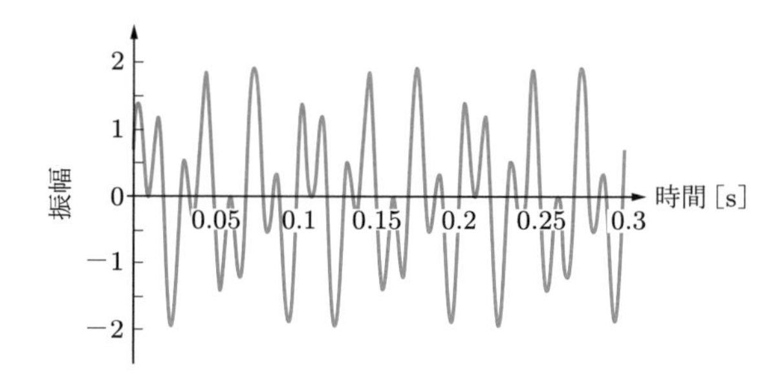

図 5.30　**二つの正弦波の合成信号**

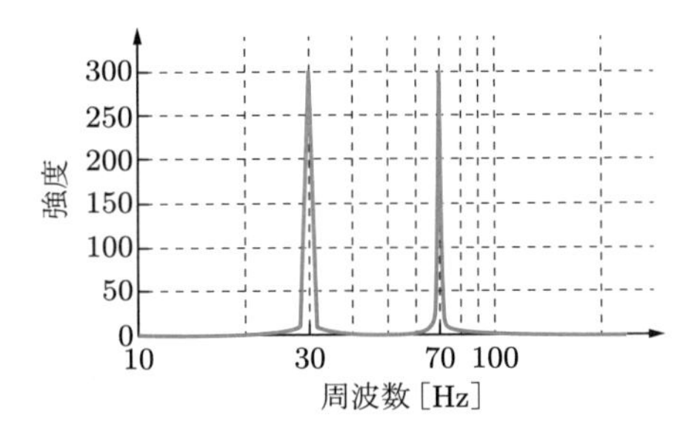

図 5.31　**FFT の結果**

章末問題

5.1　オペアンプのスルーレートについて説明せよ．

5.2　問図 5.1 は，オペアンプによる微分回路である．V_{i} と V_{o} の関係を求め，なぜ微分回路とよばれるかを説明せよ．

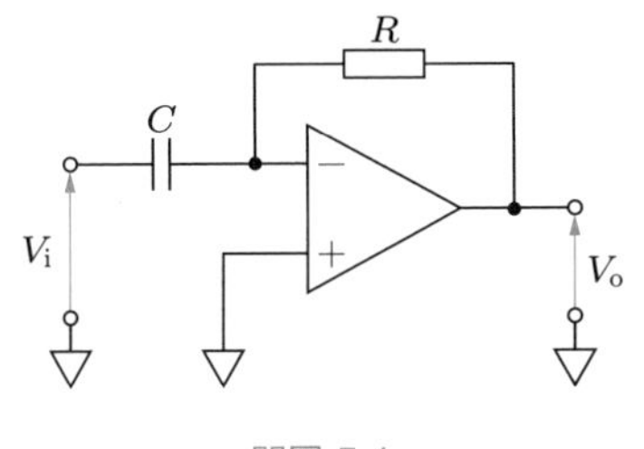

問図 5.1

5.3　24 bit，±10 V の A/D 変換において，分解能はいくらか．また，量子化誤差の最大値は何 V か．

5.4　2 bit のはしご型 D/A 変換器において，出力を表す式はどうなるか．また，出力電圧値をすべて記せ．

第6章 電子回路素子とその応用

前章のオペアンプに代表されるアナログ回路を構成するためには，抵抗やコンデンサといった電子素子が必要である．また，ディジタル回路では，ICを使って論理回路が構成される．本章では，電子回路でよく使われる素子と，それを使ったいくつかの回路について概説するとともに，論理回路の基礎についても触れる．また，回路を駆動するために必要となる安定化電源装置についても紹介する．

6.1 電子回路素子

電子回路素子としては，抵抗やコンデンサなどの受動素子と，トランジスタやICなどの能動素子がある．これらの素子にはさまざまな種類があり，適切な特性をもつ素子を使わないと，適切な情報処理や電力の増幅ができない可能性があるばかりでなく，素子そのものや，アクチュエータやセンサなどのほかの機器が壊れてしまう可能性もある．また，誤差範囲が小さいなどよい特性をもつ素子は，それと同時に価格も高いことが多いので，コストパフォーマンスを考えて適切な素子を選択する必要がある．本節では，各種の電子回路素子の特徴について述べる．

6.1.1 ● 受動素子

受動素子とは，外部からの入力に対して反応する素子をいう．これらは，自ら何か動作を起こすことはない．しかし，電子回路を構成するうえでは必要不可欠なものである．

(1) 抵抗

抵抗 (register) とは，文字どおり電流を妨げる素子である．その記号を図 6.1 に示す．JIS では，以前は図 (a) の記号が用いられていたが，国際規格に沿うよう，

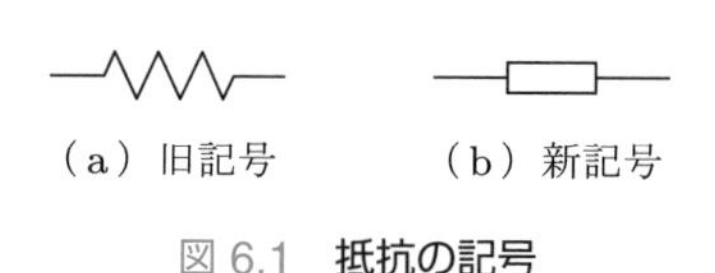

図 6.1 抵抗の記号

1999年に図(b)の記号に改められた．しかし，必ずしもすべての文献・技術資料がこれに沿っているわけではなく，依然として図(a)の記号を用いているものも多い．

抵抗を用いると，電圧を下げたり，電流を調整・制限したりすることができる．**オームの法則**により，抵抗値を R，電圧値を V，電流値を I とすれば，次式が成立する．

$$V = IR \tag{6.1}$$

ただし，一般に抵抗値は温度とともに若干変化する．I [A] の電流が抵抗値 R [Ω] の抵抗に流れると，I^2R [J/s] のジュール熱が発生し，これが抵抗の温度を上げて，抵抗値が若干変化するため，電圧と電流の関係は厳密には線形にならない．

抵抗には，下記のような種類がある．

固定抵抗：

一定の抵抗値をもつ抵抗である．材料によっていくつかの種類があり，代表的なものとして**炭素皮膜抵抗**と**金属皮膜抵抗**がある．図6.2に炭素皮膜抵抗の内部構造の例を示す．この図に示すように，抵抗値はセラミックに巻かれた炭素皮膜に入れられた溝によって調節されている．抵抗の値は，等比級数を基調とした**E系列**とよばれる数字で構成されており，E24系列やE12系列などがある．E24系列は24個の数字，E12系列は12個の数字からなる．表6.1にE24系列を，表6.2にE12系列を示す．たとえばE12系列ならば，次のように，1から10までを12段階の

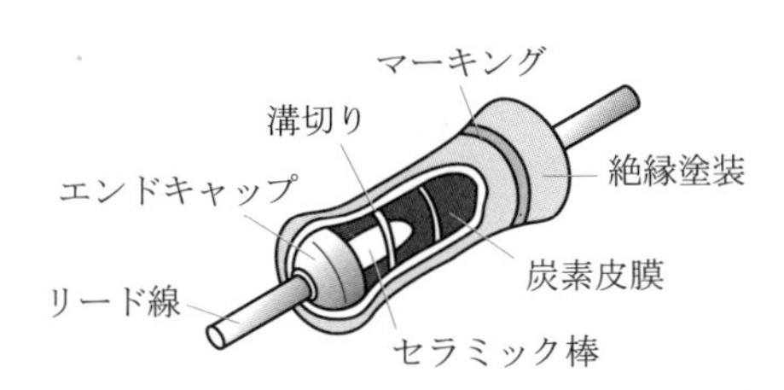

図6.2 固定抵抗の内部構造

表6.1 E24系列

1.0	1.1	1.2	1.3	1.5	1.6
1.8	2.0	2.2	2.4	2.7	3.0
3.3	3.6	3.9	4.3	4.7	5.1
5.6	6.2	6.8	7.5	8.2	9.1

表6.2 E12系列

1.0	1.2	1.5	1.8	2.2	2.7
3.3	3.9	4.7	5.6	6.8	8.2

等比級数に分け，若干調整したものになっている．

$$10^{0/12} = 1, \quad 10^{1/12} \approx 1.2, \quad 10^{2/12} \approx 1.5,$$

$$10^{3/12} \approx 1.8, \quad 10^{4/12} = 2.2, \quad 10^{5/12} \approx 2.7,$$

$$10^{6/12} \approx 3.3, \quad 10^{7/12} \approx 3.9, \quad 10^{8/12} \approx 4.7,$$

$$10^{9/12} \approx 5.6, \quad 10^{10/12} \approx 6.8, \quad 10^{11/12} \approx 8.2$$

これらの数字に10の乗数をかけた，100 Ω，470 Ω，1 kΩ，4.7 kΩ などが製造されている．

日本では，リード線をはんだ付けして用いる炭素皮膜抵抗や金属皮膜抵抗には，図6.3に示すように，カラーコードで抵抗値が示されていることが多い．このカラーコードを表6.3に示す．これは4種類の色で抵抗値とその誤差範囲を示している．第1数字と第2数字は抵抗値を，第3数字は乗数を，第4数字は誤差範囲を示す．たとえば，茶黒赤金の場合は，$10 \times 10^2 = 1000 = 1\,\mathrm{k\Omega} \pm 5\%$ を表す．

表6.3　抵抗カラーコード表

色	第1数字	第2数字	第3数字	第4数字
黒	0	0	$\times 10^0$	—
茶	1	1	$\times 10^1$	—
赤	2	2	$\times 10^2$	—
橙	3	3	$\times 10^3$	—
黄	4	4	$\times 10^4$	—
緑	5	5	$\times 10^5$	—
青	6	6	$\times 10^6$	—
紫	7	7	$\times 10^7$	—
灰	8	8	$\times 10^8$	—
白	9	9	$\times 10^9$	—
金	—	—	$\times 10^{-1}$	±5%
銀	—	—	$\times 10^{-2}$	±10%

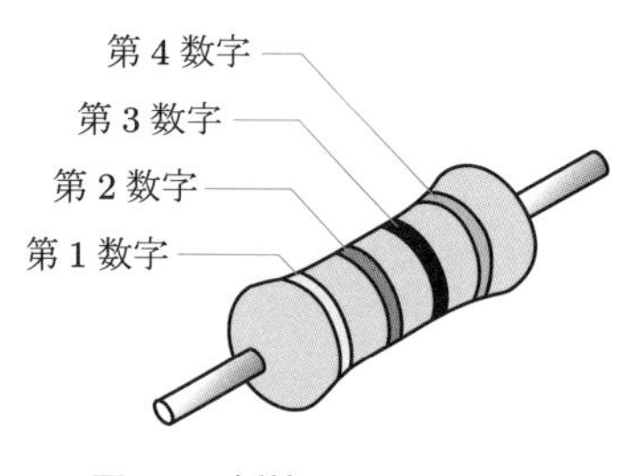

図6.3　抵抗のカラーコード

抵抗には，加えることが可能な定格電力が定められている．定格電力以上の電力を抵抗に加えると，焼損する可能性がある．信号伝達用途には1/4 W程度が多い．このほか，比較的大きな電流を流せるものとして，セメント抵抗などがある．いずれにしても，定格電力や定格電流を守って回路を設計することが必要である．

可変抵抗：

文字どおり抵抗値を変えることができる素子である．オーディオの音量調節などに用いられたため，ボリューム (volume) 抵抗とよばれることもある．より回転しやすくしたものとして，センサの章で挙げたポテンショメータがある（図 4.8）．

半固定抵抗：

図 6.4 に外観を示す．可変抵抗の一種で，抵抗値を変化させることができるものだが，一度抵抗値を決定した後は，あまり変化させない用途に使う．たとえば，オペアンプの増幅度は一度決定すればあまり変更することはないので，小型の半固定抵抗が用いられる．

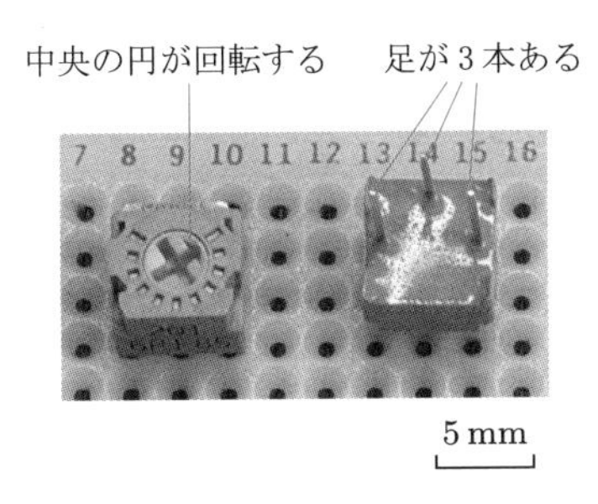

図 6.4 **半固定抵抗**

集合抵抗：

固定抵抗の一種であり，たとえば同一の抵抗を並列につなぎたいときなどに役に立つ．図 6.5 に外観を示す．左側の素子は，左端の端子を共通として，残りの端子との間に同じ抵抗が配置されている．右側の素子は IC の形をしており，写真の上下反対側の端子どうしが同じ抵抗値でつながれている．

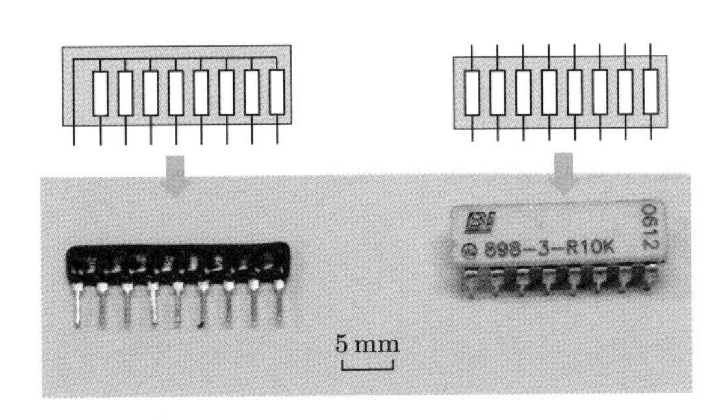

図 6.5 **集合抵抗**

(2) コンデンサ

コンデンサ（蓄電器，capacitor）[†]は，電荷を蓄えたり，放出したりする素子である．図 6.6 にコンデンサの記号を示す．容量 C の単位は [F]（ファラッド）であるが，大きすぎる単位のため，通常は μF (10^{-6} F) か pF (10^{-12} F) が用いられる．極板間に誘電体を挟んだ構造をもち，用いられる誘電体としては，セラミック，プラスチックフィルムなどさまざまな種類がある．各誘電体に適切な容量があるとともに，定格電圧や周波数特性などが異なっている．

コンデンサには，次のような種類がある．

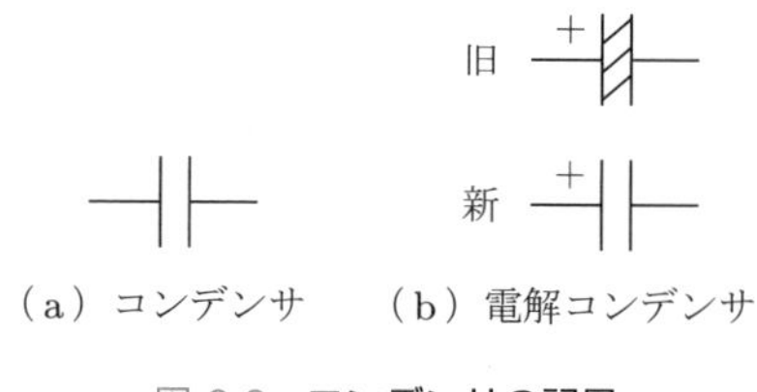

図 6.6　**コンデンサの記号**

セラミックコンデンサ：

誘電体にセラミックを用いたものである．図 6.7 に，その一例を示す．容量としては，1 pF〜数千 pF 程度の比較的低容量が主である．容量には，図のように，3 桁の記号が用いられていることが多い．固定抵抗のカラーコードと同様に，第 1 数字と第 2 数字が 2 桁の数字を表しており，第 3 数字が pF で乗数を表している．図の例では，$103 = 10 \times 10^3$ pF $= 1 \times 10^{-8}$ F $= 10^{-2}$ μF $= 0.01$ μF である．

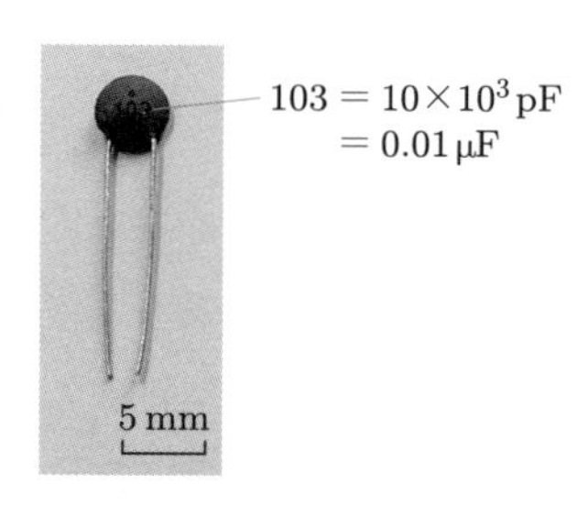

図 6.7　**セラミックコンデンサ**

† 欧米では，コンデンサ (condenser) は，エアコンなどに使われる凝縮器のことを指し，蓄電器のことはキャパシタ (capacitor) とよぶ．

フィルムコンデンサ：

誘電体にプラスチックフィルムを用いたものである．小型化が可能であり，1000 pF〜10 μF 程度の中容量のコンデンサに使われる．温度使用範囲が狭いという欠点もある．

電解コンデンサ：

化学処理により金属箔表面に形成した皮膜を誘電体に用いたものである．通常，皮膜を形成した金属箔を片方の電極とし，封入した電解質をもう片方の電極の代わりとする．そのため，極性をもつのが最大の特徴である．この極性を間違えると破裂する危険がある．図 6.8 のように，万一の破裂に備え，上部に切れ込みが入れてあるものが多い．このため，上からのぞくように見てはいけない．皮膜は非常に薄いので，電極間距離がきわめて短い構造とすることができ，数 pF〜数万 μF の大容量にすることが可能である．後述する整流回路（**図 6.14**）で交流から直流を得る場合，図 6.9 のように電解コンデンサを用いると，電圧変動を低減することができる．

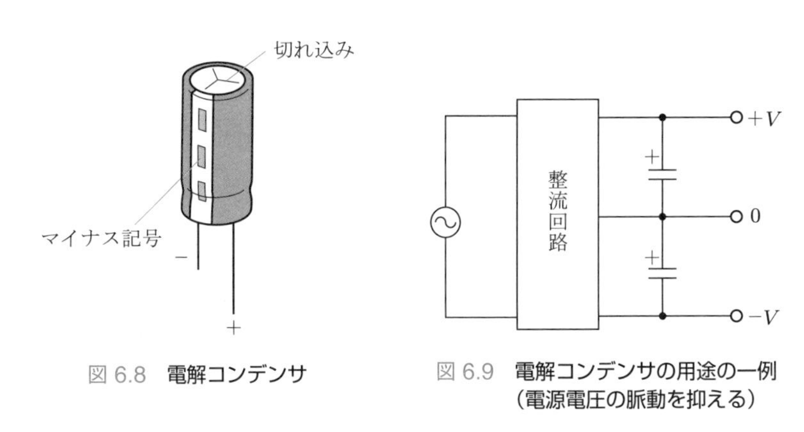

図 6.8 **電解コンデンサ**

図 6.9 **電解コンデンサの用途の一例（電源電圧の脈動を抑える）**

6.1.2 ● 能動素子

能動素子とは，受動的な動作だけではなく，増幅やスイッチング，発光などの能動的な動作をする素子である．ダイオード，トランジスタなどの半導体素子が代表的な能動素子である．半導体とは，電気をよく通す導体と，電気をまったく通さない不導体との中間の抵抗率をもつ物質のことである．代表的な物質として，シリコン (Si) やゲルマニウム (Ge) が挙げられる．半導体に微量の不純物を加えることにより，電流の流れを大きく変化させることができる．ここでは，代表的な半導体素子である，ダイオードとトランジスタについて述べる．

(1) ダイオード

ダイオード (diode) は，一方向にのみ電流を流す素子である．図 6.10 に記号と外観を，図 6.11 にその一般的な特性を示す．**図 6.10**(a) において左側が高電位側，右側が低電位側である．この方向に電圧がかかっている場合，順方向電圧という．右側が高電位の場合，逆方向電圧という．**図 6.11** からわかるように，順方向（正方向）電圧がかかると電流が流れるが，逆方向電圧がかかってもほとんど電流は流れない．ただし，順方向電圧でも電圧が低いときは電流は流れず，電圧が V_2 になると急に大きな電流が流れる．また，逆方向電圧でも，電圧 V_1 より負側に大きくなると，逆方向に急に電流が流れてしまう．この性質はツェナー降伏とよばれており，このときの V_1 を降伏電圧という．

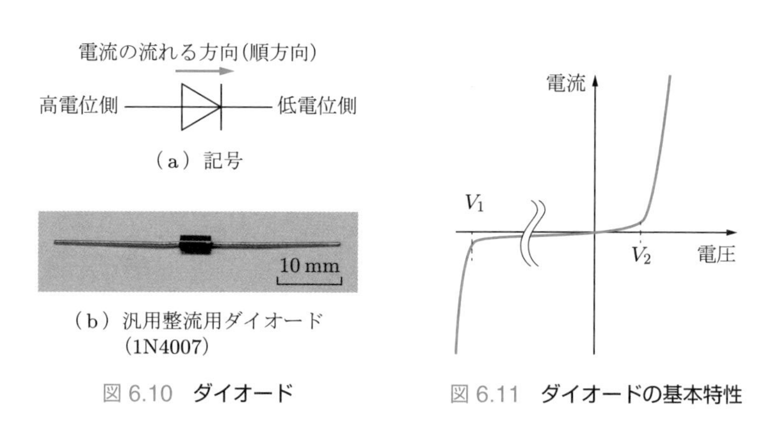

図 6.10　**ダイオード**　　図 6.11　**ダイオードの基本特性**

通常のダイオードではツェナー降伏状態になると破壊に至るが，この降伏電圧の絶対値を小さくして，一定電圧を保つことのできる**ツェナーダイオード** (Zener diode) もある．図 6.12 に，ツェナーダイオードの記号と特性を示す．特性は基本

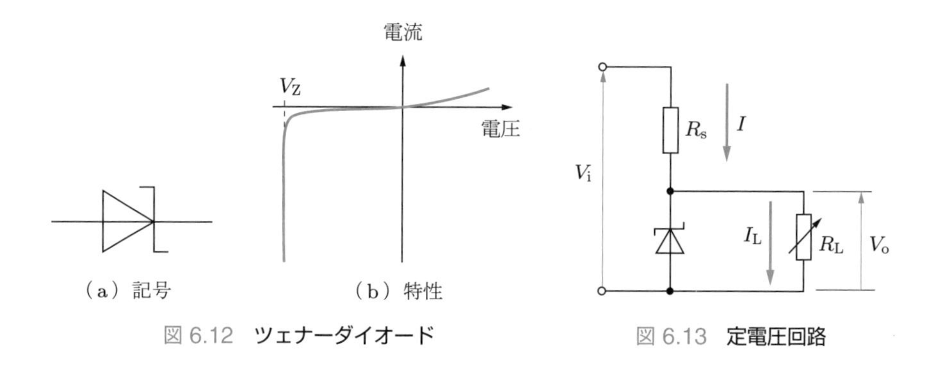

図 6.12　**ツェナーダイオード**　　図 6.13　**定電圧回路**

的に通常のダイオードと同じだが，逆方向電圧をかけたときのツェナー降伏電圧 V_Z の絶対値が小さくなっていて，降伏後はほぼ一定電圧を示す．これを利用したのが，図 6.13 の定電圧回路である．十分大きな入力電圧をかけていれば，負荷 R_L の抵抗値が変化しても，出力電圧 V_o はツェナー電圧 V_Z と等しい．入力電圧が大きくなると I は大きくなるが，増えた分の電流はダイオードに流れるため，負荷抵抗 R_L の両端にかかる電圧と流れる電流は一定となる．

ほかのダイオードの用途としては，整流回路が挙げられる．図 6.14 は**全波整流回路**とよばれる回路である．入力電圧 $V_i = \sin\omega t$ を入力すると，出力としてその絶対値 $V_o = |\sin\omega t|$ が得られる．

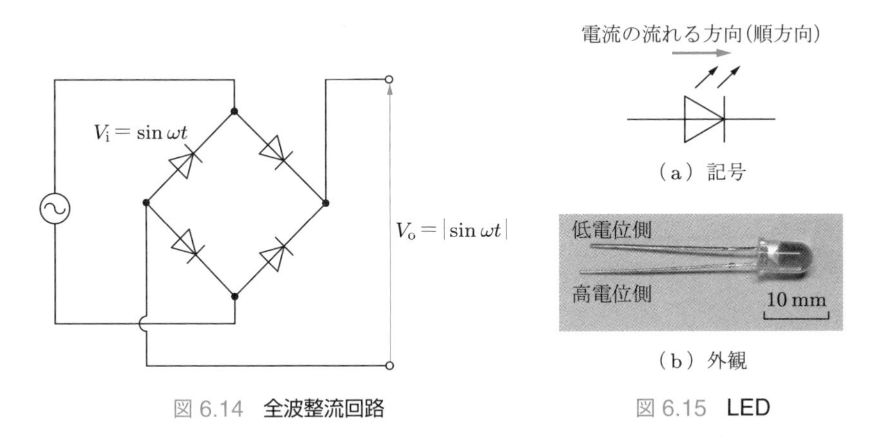

図 6.14　全波整流回路

（a）記号
（b）外観

図 6.15　LED

順方向電圧がかかったときに発光するダイオードを，**発光ダイオード** (light emitting diode: **LED**) という．図 6.15 に，LED の記号と外観を示す．図 (b) のように，片側の足が長く，こちらを高電位側に接続する．発光させるためには数 10 mA 程度の電流が必要な場合が多く，この電流を得るために次節で述べるトランジスタなどを用いる場合がある．

(2) トランジスタ

トランジスタ (transistor) には，大きく分けて接合型トランジスタと電界効果トランジスタ (FET: field effect transistor) の 2 種類がある．ここではおもに接合型について述べる．接合型のトランジスタには npn 型と pnp 型の 2 種類があり，図 6.16 にその記号を示す．端子 E，C，B は，エミッタ (emitter)，コレクタ (collector)，ベース (base) といい，ベースに微小な電流が流れると，npn 型ではコレクタからエミッタへ，pnp 型の場合はエミッタからコレクタへ電流が流れる．図

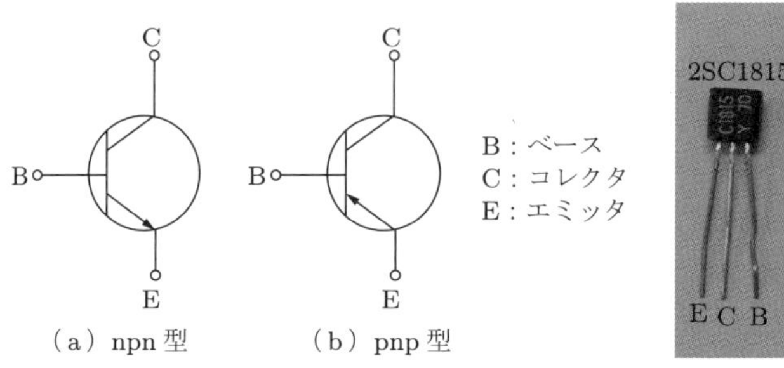

図 6.16　**トランジスタの記号**

図 6.17　**トランジスタの外観**

6.17 に代表的なものの外観を示す．左側が 2SC1815，右側が 2SC3345 という型番で，どちらも npn 型である．このように型番によって端子の並ぶ順番が異なることがある．npn 型と pnp 型の両方に電気的な特性がほぼ同じものが用意されていることが多く，これらの組をコンプリメンタリ (complementary) とよぶ．

図 6.18 に基本特性を示す．図 (a) をエミッタ接地回路といい，ベース電流 I_B を流すとコレクタ電流 I_C が流れる．この回路において，次式が成立する．

$$V_{CC} - V_{CE} = R_C I_C \tag{6.2}$$

よって，

$$I_C = \frac{V_{CC}}{R_C} - \frac{V_{CE}}{R_C} \tag{6.3}$$

となる．この式をトランジスタの特性曲線とともに図示すると，図 (b) のようになる．コレクタ電流は，V_{CE} にかかわらず，ベース電流 I_B が一定ならばほぼ一定である．$I_B = 0$ ではほとんどコレクタ電流が流れず，遮断領域とよばれている．設

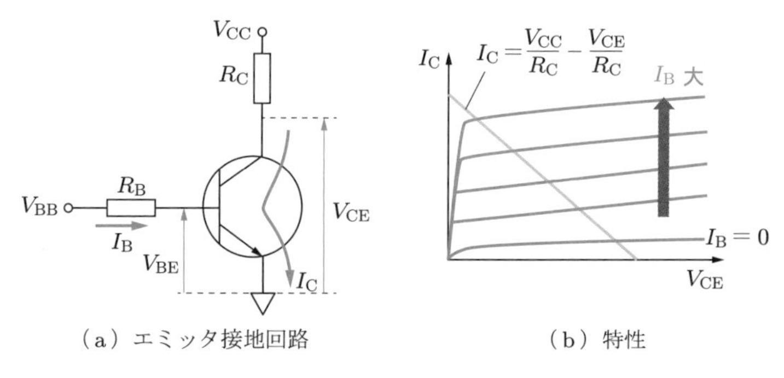

図 6.18　**トランジスタの基本特性**

定した I_B の特性曲線と式 (6.3) の交点が動作点となる．

このように，接合型トランジスタはベース電流でコレクタ - エミッタ間の電流を制御するものであるが，制御に電流を用いているので電力の消費が大きい．これに対し，電圧を用いて制御を行うのが FET である．図 6.19 に FET の記号を示す．ゲート (G)，ドレイン (D)，ソース (S) の 3 端子からなり，ゲート電圧でソース - ドレイン間の電流を制御する．消費電力が小さく，微細化が容易なので，IC に組み込まれて幅広い電子機器で用いられている．

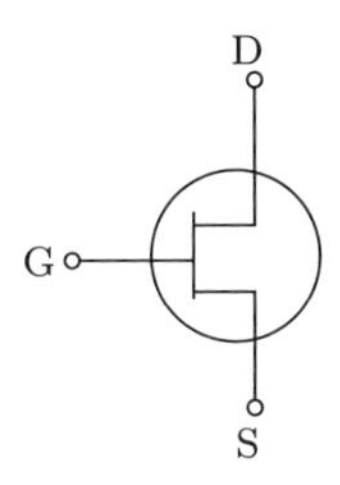

図 6.19 FET の記号

6.2 トランジスタ回路の役割

6.2.1 ● 電流増幅

トランジスタの主要な役割として，**電流増幅**がある．たとえば，図 6.18(a) の回路においてベース電流 I_B を流すと，コレクタ電流は $I_\mathrm{C} = h_\mathrm{FE} I_\mathrm{B}$ で表される．この h_FE を，エミッタ接地電流増幅率という．トランジスタによって値は異なり，数百になるものもある．

これを応用した例として，図 6.20 のような増幅回路がある．この回路のベース電流 I_B は次のように計算される．

$$V_\mathrm{CC} - V_\mathrm{CE} = R_1 (I_\mathrm{B} + I_\mathrm{C}) \tag{6.4}$$

$$V_\mathrm{CE} - V_\mathrm{BE} = I_\mathrm{B} R_2 \tag{6.5}$$

これらより，V_BE と V_CE をほぼ 0 とみなせば，

$$I_\mathrm{B} = \frac{V_\mathrm{CC} - I_\mathrm{C} R_1}{R_1} \tag{6.6}$$

となる．この結果は，I_C が増えると I_B が減少することを示している．すなわち，

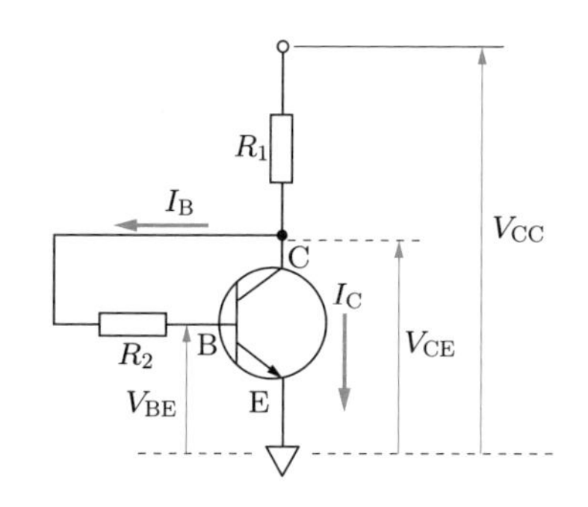

図 6.20　**トランジスタを用いた増幅回路の一例**

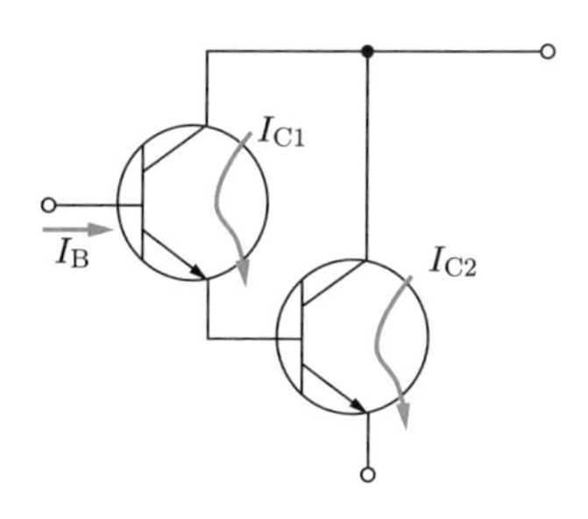

図 6.21　**ダーリントン接続**

ベース電流を一定に保とうとするはたらきがあることを示している．また，図 6.21 のような回路を，**ダーリントン接続** (Darlington circuit) とよぶ．これは，特性の異なる 2 種類のトランジスタをつなげることによって，より大きな電流増幅を得ようとするものである．図において，左側のトランジスタのエミッタ接地電流増幅率を h_{FE1}，右側のトランジスタのエミッタ接地電流増幅率を h_{FE2} とする．左側のトランジスタにベース電流 I_B を流せば，左側のトランジスタのコレクタ電流は

$$I_{C1} = h_{FE1} I_B \tag{6.7}$$

となる．次に，I_{C1} が右側のトランジスタのベース電流としてはたらくから，右側のトランジスタのコレクタ電流 I_{C2} は，次式のようになる．

$$I_{C2} = h_{FE2} I_{C1} = h_{FE1} h_{FE2} I_B \tag{6.8}$$

すなわち，電流増幅率が $h_{FE1} h_{FE2}$ となり，非常に大きな電流を得ることができる．

6.2.2 ● スイッチング

トランジスタは，電子的なスイッチングにも用いられる．図 6.22 の特性曲線で，$I_B = 0$ と $I_B = I_{B2}$ のときの動作点を考える．この図において，$I_B = 0$ のときの $V_{CE} = V_2$ は大きく，I_{B2} を適切に設定すれば，$V_1 \approx 0$ とできる．これはつまり，コレクタ - エミッタ間を短絡した状態とみなすことができる．すなわち，I_B によって V_{CE} を 0 と V_2 の 2 値に変化させることができ，スイッチング動作が可能である．

この応用例として，**オープンコレクタ** (open collector) **出力**がある．たとえば，図 6.23 のような出力端子をもつ機器を考える．出力端子は抵抗を挟んで V_{CC} の電圧につながっている．トランジスタのベースに電流が流れないとき，出力電圧 V_o は $V_o \approx V_{CC}$ であるが，ベースに電流が流れると，コレ

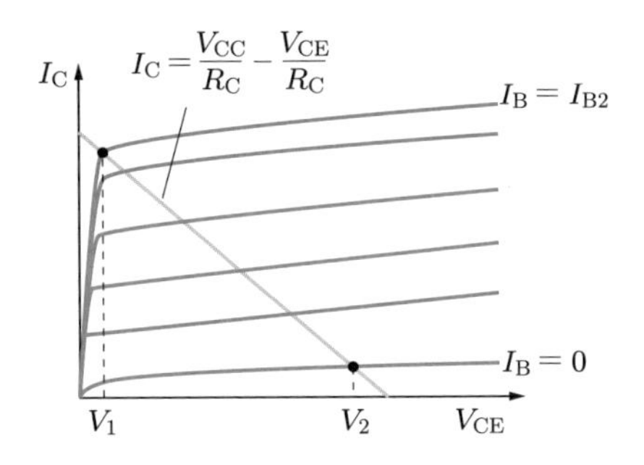

図 6.22 **トランジスタのスイッチング動作**

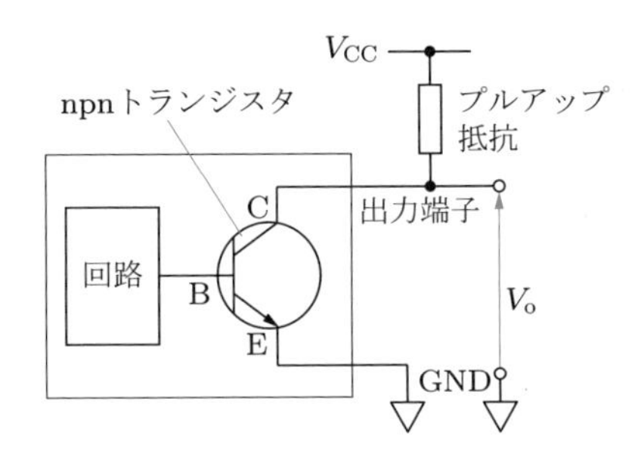

図 6.23 **オープンコレクタ出力**

クタからエミッタに電流が流れ $V_o \approx 0$ となる．これにより，出力端子から ON か OFF の情報を出力できることになる．このような出力はオープンコレクタ出力とよばれ，適切な出力を得るためには，出力端子を，抵抗を挟んで V_{CC} に接続することが必要である．これを**プルアップ** (pull-up) とよび，電源電圧と出力端子の間に接続する抵抗を**プルアップ抵抗** (pull-up resistor) とよぶ．プルアップ抵抗の値は，$V_o \approx 0$ のときに過大電流が流れないようにする，ノイズなどにより出力が不安定にならないようにする，などを考慮して決定する必要がある．

6.2.3 ● ブリッジ回路

DC モータの回転方向を制御したい場合，電流の向きを制御すればよい．これを実現するのにトランジスタを四つ使用した **H ブリッジ回路**が用いられることがある．図 6.24 にその回路図を示す．SW と書かれた四つの端子に流すベース電流の組み合わせにより，電流の流れる向きを制御できる．たとえば，SW1 と SW4 にベース電流を流せば I_1 の方向に，SW2 と SW3 にベース電流を流せば I_2 の方向に

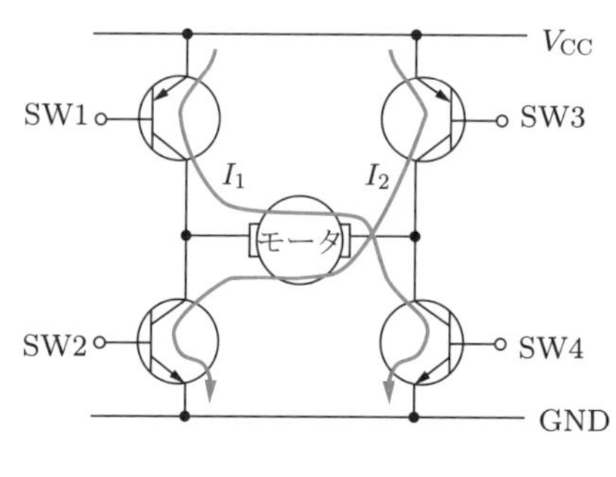

図 6.24　H ブリッジ回路

図 6.25　モーター制御 IC

電流を流せる．このような回路を内蔵した，モータ制御用の IC も販売されている（図 6.25）．

6.2.4 ● さまざまなアナログ IC

現在では通常，トランジスタや抵抗などの素子を個別に使うことは，回路を自作するとき以外はない．その代わりに，これらの素子を集積化した，**IC** (integrated circuit) や，より集積度を上げた，**LSI** (large scale integration) が用いられている．その代表例が，第 5 章で述べたオペアンプである．このほか，A/D 変換，D/A 変換など，さまざまな用途のためのアナログ IC が販売されている．たとえば，A/D および D/A 変換用の IC として 10〜16 bit 程度の分解能で，2〜8 ch のチャンネル数をもつ IC が販売されている．近年ではさらに，単機能の IC ではなく，第 8 章で述べるマイコンやボードコンピュータにこれらの機能が含まれているものもある．A/D および D/A 変換は，メカトロニクスにおいて必要不可欠になってきており，プログラムで動作を変更できる等の使いやすさの点からも，集積化によりさまざまな機能をもつ IC が開発されていくと考えられる．

6.3　ディジタル回路

6.3.1 ● 2 進数と論理代数

コンピュータなどで扱うディジタル信号は 0 と 1 の 2 種類の信号状態しかなく，2 進数を用いて表すことができる．2 進数は，たとえば 4 桁で表せば，0000，0001 のように 0 と 1 の羅列になるが，桁が多くなるとわかりにくくなるので，16 進数も用いられる．これは，2 進数を 4 桁ずつに区切って，0〜9，A〜F の数字もしくは英文字で表す方法である．たとえば，111101100010 は，FA2 となる．F が 1111

を，A が 0110 を，そして 2 が 0010 を表す．

2 進数の演算として**論理代数** (boolean algebra) が用いられる．演算の種類として論理積 (AND)，論理和 (OR)，否定 (NOT)，論理積の否定 (NAND)，論理和の否定 (NOR)，排他的論理和 (Exclusive OR) などがある．式で表すと，表 6.4 のようになり，これを論理式という．これは通常の数学における演算とは異なり，2 入力，1 出力の場合，表 6.5 のような演算になる．否定とは，入力とは反対の値を出力することである．すなわち，0 ならば 1，1 ならば 0 を出力する．論理積は，両方の入力が 1 のときのみ 1 を出力し，論理和は，どちらか一方の入力が 1 のときに 1 を出力する．論理積と論理和の否定は，それぞれその逆である．排他的論理和では，二つの入力が同じ場合に 0 を，それ以外の場合は 1 を出力する．

表 6.4 **論理式**

論理積	論理和	否定	論理積の否定	論理和の否定	排他的論理和
$\mathrm{A \cdot B}$	$\mathrm{A + B}$	$\overline{\mathrm{A}}$	$\overline{\mathrm{A \cdot B}}$	$\overline{\mathrm{A + B}}$	$\mathrm{A \oplus B}$

表 6.5 **論理演算**

A	B	論理積 (AND)	論理和 (OR)	論理積の否定 (NAND)	論理和の否定 (NOR)	排他的論理和 (Exclusive OR)
0	0	0	0	1	1	0
0	1	0	1	1	0	1
1	0	0	1	1	0	1
1	1	1	1	0	0	0

これらに関する重要な定理として，次式に示すド・モルガンの定理がある．

$$\overline{\mathrm{A \cdot B}} = \overline{\mathrm{A}} + \overline{\mathrm{B}} \tag{6.9}$$

$$\overline{\mathrm{A + B}} = \overline{\mathrm{A}} \cdot \overline{\mathrm{B}} \tag{6.10}$$

これらの式は，「論理積の否定が，それぞれの否定の論理和に等しい」，「論理和の否定が，それぞれの否定の論理積に等しい」ということを示している．

また，排他的論理和には次のような公式がある．

$$\overline{\mathrm{A}} \cdot \mathrm{B} + \mathrm{A} \cdot \overline{\mathrm{B}} = \mathrm{A \oplus B} \tag{6.11}$$

このような論理代数を用いた演算を論理演算といい，論理演算の組み合わせで構成した回路を論理回路という．コンピュータなど，ディジタル信号を用いた計算は，論理回路によって実現され，これをディジタル回路ともいう．

各種の論理演算を表す回路記号を，図6.26に示す．いずれも，左側が入力，右側が出力である．あらゆる論理演算は，基本となるAND，OR，NOTの3種類の演算の組み合わせで表すことができ，AND，OR，NOTもまた，NANDのみ，またはNORのみを用いて表すことができる．すなわち，あらゆる論理演算は，NANDのみ，またはNORのみで表すことができる．

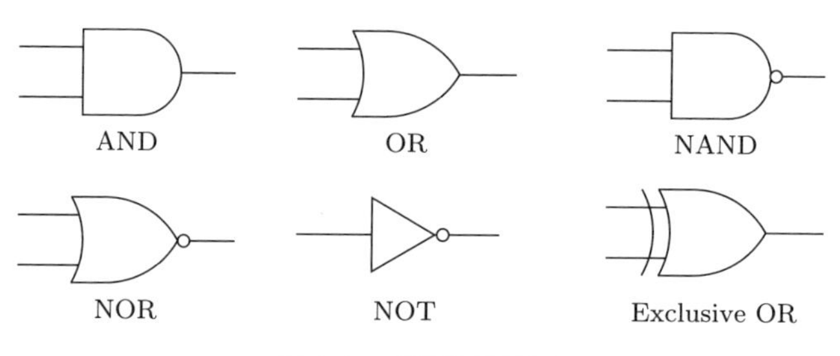

図6.26　論理回路記号

6.3.2 ● 論理回路ICの電気的特徴

前節で述べた論理回路は，IC（ディジタルIC）として手に入れることができる．たとえば，2入力のNANDであれば，7400という型番が代表的である．図6.27に四つのNAND回路を含んだICであるQuad Nand (7400)のピン配置を示す．論理回路ICの種類として，**TTL** (transistor transistor logic)と，**C-MOS** (complementary MOS)がある．

両者の違いは，おもに，駆動電圧，消費電力，動作速度，およびHighとLowの

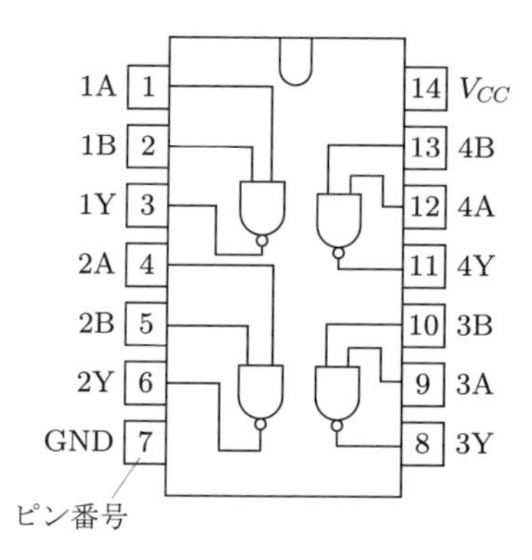

図6.27　Quad Nand (7400)のピン配置

出力およびそれらを識別する電圧が異なることである．TTL は基本的に 5 V 駆動であり，High の電圧も 5 V であるが，C-MOS の IC の駆動電圧はある程度の範囲がある．また，消費電力と動作速度でいえば，TTL のほうが消費電力が多く，動作速度は速い．しかし，C-MOS も改良されており，速度的に遜色ないものも出ている．

図 6.28 に代表的な High と Low の電圧値を示す．TTL の場合，IC から出力される電圧は High の下限値で 2.4 V，Low の上限値で 0.4 V である．これに対して，IC に入力される電圧は，2.0 V 以上ならば High と，0.8 V 以下なら Low と認識する．図 (a) に示すように，High，Low ともに入出力の間に 0.4 V の違いがあり，これを**ノイズマージン** (noise margin) とよぶ．たとえば，出力が 2.4 V のとき，ノイズなどの影響で 2.1 V まで下がったとしても，TTL の IC は High として認識できる．

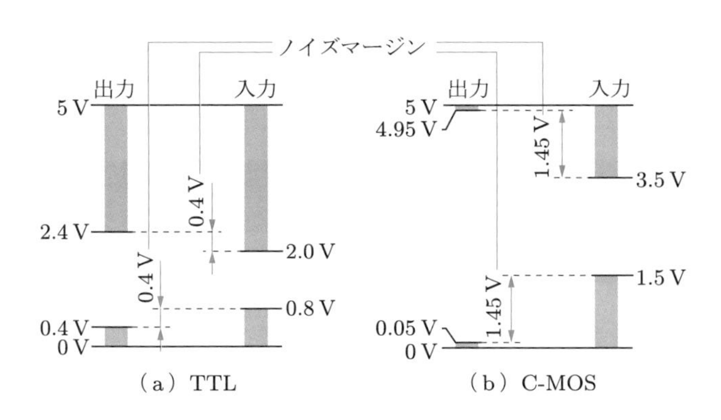

図 6.28　**ノイズマージン**

これに対して，C-MOS では IC や駆動電圧によってノイズマージンは変わってくる．図 (b) に，5 V 駆動の C-MOS の場合を示す．この図に示すように，ノイズマージンは 1.45 V と，TTL に比べて大きい．これは，C-MOS のほうがノイズに強いことを示している．なお，この値は，駆動電圧，IC の種類によって異なるので注意が必要である．

また，入出力できる電流も決まっており，これらの値が，ファンイン，ファンアウトとよばれる，いくつの回路をつなげられるかを表す数値を決定する．

TTL と C-MOS は，このように電気的な特性が異なるので，混在させる場合には適切に回路を設計する必要がある．

6.3.3 ● 論理回路の応用

(1) フリップフロップ回路

図 6.29 に示すような，NOT が二つ，NAND が二つで構成される回路を **RS フリップフロップ**（RS-FF）という．入力は S と R と名づけられており，出力は，Q と $\overline{\mathrm{Q}}$ である．Q と $\overline{\mathrm{Q}}$ はお互い逆の信号を出力することを意味している．

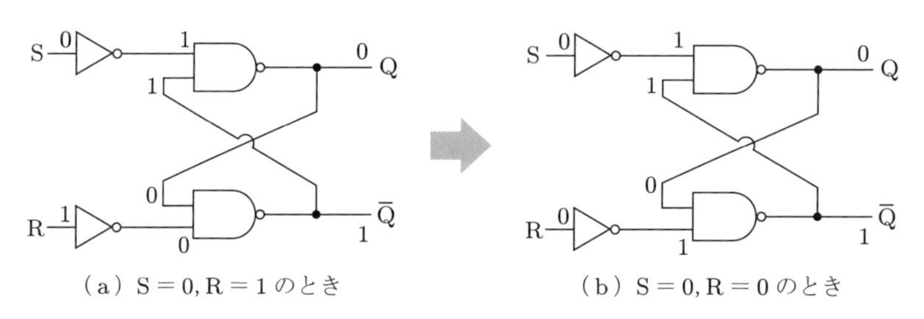

（a）S = 0, R = 1 のとき　　（b）S = 0, R = 0 のとき

図 6.29　**RS フリップフロップ**

その機能表は表 6.6 のようになっている．ここで注目すべきは，S = R = 0 の場合である．この場合，出力は一意には決まらない．たとえば，図 (a) の状態 (S = 0, R = 1) を考えてみよう．この場合，出力は Q = 0, $\overline{\mathrm{Q}}$ = 1 となる．ここで，図 (b) のように R = 0 とすると，下側の NAND の入力のうち，NOT につながっているほうは 1 となるが，もう一方の入力は 0 のままである．NAND はどちらの入力も 1 でない限り 1 を出力するので，Q と $\overline{\mathrm{Q}}$ の出力値は変わらない．これは S と R の値を逆にしても成立する．電子回路が前の状態をそのまま出力するので，この機能は「保持」または「記憶」ともよばれており，コンピュータの記憶機能のもっとも原始的なものである．

なお，S = R = 1 の場合は，Q = $\overline{\mathrm{Q}}$ = 1 となってしまい，出力が同じになってしまう．このとき，S = R = 0 にしたとしても，どちらが先に 0 になったかで出力の値は変わってしまう．その意味で不定であり，RS フリップフロップでは用いない．

このほかに，**D フリップフロップ**（D-FF），**JK フリップフロップ**（JK-FF）など

表 6.6　**RS フリップフロップ機能表**

S	R	Q	$\overline{\mathrm{Q}}$
0	0	Q	$\overline{\mathrm{Q}}$
0	1	0	1
1	0	1	0
1	1	不定	

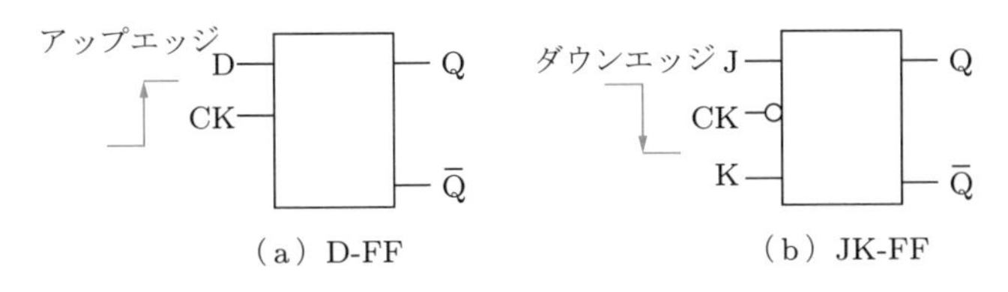

（a）D-FF
（b）JK-FF

図 6.30 D フリップフロップと JK フリップフロップ

がある．D フリップフロップは，図 6.30(a) に示す記号で表され，入力 D の値によって出力が変化する．ただし，クロック (CK) に 0 から 1 に上昇する入力（アップエッジ）がないと出力は変化しない．その機能表を表 6.7 に示す．

JK フリップフロップは図 6.30(b) に示す記号で表され，J = K = 1 のとき，つねに反対の出力となる．その機能表を表 6.8 に示す．また，このフリップフロップは，トリガとよばれるパルス信号が CK に入力されないと動作しないという特徴もある．とくに，パルスが 1 から 0 に変化する瞬間（ダウンエッジ）が用いられる．

表 6.7 D フリップフロップ機能表

D	Q	$\overline{Q}$
0	0	1
1	1	0

表 6.8 JK フリップフロップ機能表

J	K	Q	$\overline{Q}$
0	0	Q	$\overline{Q}$
0	1	0	1
1	0	1	0
1	1	$\overline{Q}$	Q

(2) チャタリング防止回路

RS フリップフロップを利用した回路として，**チャタリング防止回路**がある．機械的なスイッチの場合，スイッチの ON，OFF の後，電圧値がすぐ落ち着くことはなく，数 ms の間，値がばらつく．その模式図を図 6.31 に示す．これを**チャタリング**という．このような現象が生じると，たとえばスイッチを押した数を数える際には致命的な影響を与え，ランダムな回数が入力されてしまうことになる．これを防ぐ回路を図 6.32 に示す．

この回路は，A と B がプルアップされており，スイッチが A の部分に接しているときは A = 0 であり，出力は 1 である．スイッチが離れる際チャタリングが生じ，上側の NAND の入力が 0 と 1 とを往復することになる．しかし，もう一方の NAND の入力は 0 であり，出力は 1 のまま変わらない．そして，スイッチが B についた瞬間出力は 0 となる．その後チャタリングが生じるが，同じ理由で出力は 0 のまま変化しない．

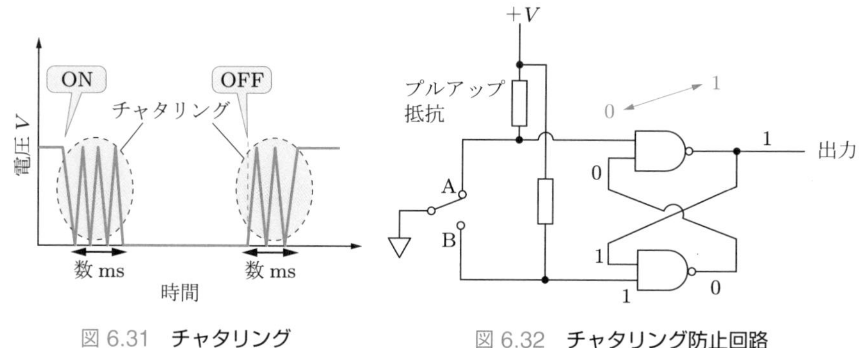

図 6.31　**チャタリング**　　図 6.32　**チャタリング防止回路**

(3) 計数回路

計数回路は，JK フリップフロップを利用した回路である．図 6.33 に，JK-FF を四つ用いた 4 桁の 2 進数計数回路を示す．この回路においては，すべてのフリップフロップにおいて J = K = 1 とする．図 6.34 に示すように，FF_A の CK にトリガ信号が入るたびに，FF_A の出力 Q_A は反転を繰り返す．このとき，Q_A が 1 から 0 に下がると Q_B が反転する．同様に，Q_B が 1 から 0 に下がると Q_C が反転し，同様に，Q_C が 1 から 0 に下がると Q_D が反転する．これを，$Q_DQ_CQ_BQ_A$ の順で並べると，

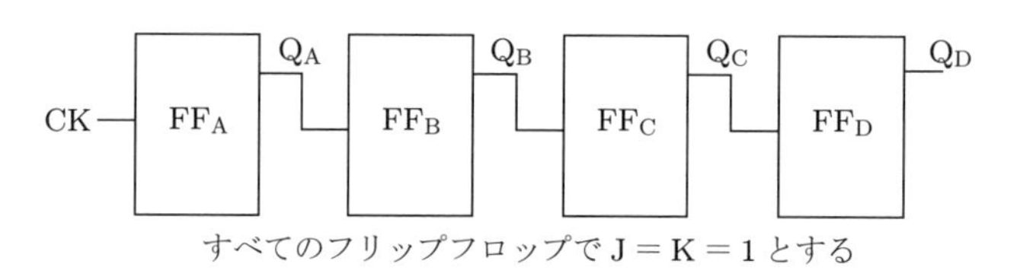

図 6.33　**計数回路**

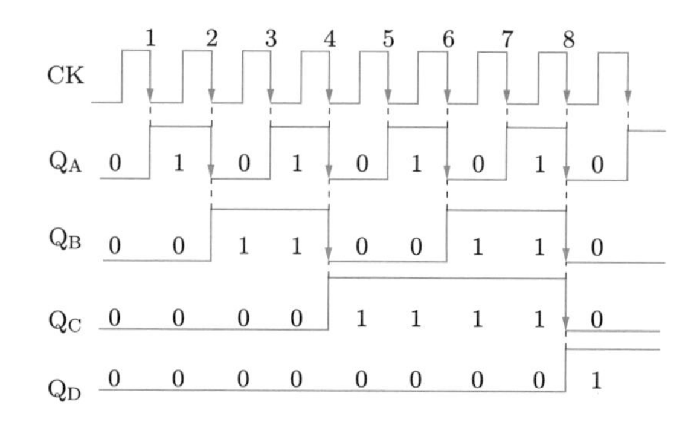

図 6.34　**計数回路のタイミングチャート**

$$0000 \to 0001 \to 0010 \to 0011 \to 0100 \cdots$$

となり，トリガ信号ごとに 1 ずつカウントアップする 2 進数になっている．

6.4 安定化電源

前節までに述べた各種回路を駆動するためには，直流電源が必要となる．たとえば，オペアンプ IC には一定の電圧以下では駆動しないものもある．また，センサの中には駆動する電圧によって感度が変わってしまうものもある．こうしたことから，直流電源には，一定の電圧を出力する能力と，必要な電流を流す能力が求められる．以下では，メカトロニクスでよく使われる 3 端子定電圧電源 IC と，安定化電源装置について紹介する．

6.4.1 ● 3 端子定電圧電源 IC

3 端子定電圧電源 (3-terminal voltage regulator) は 3 端子レギュレータともよばれ，ある定格電圧を入力すると，定められた一定の電圧を出力するような電源である．その機能を一つの IC の中に埋め込んだものが，3 端子定電圧電源 IC である．図 6.35 にその一例を示す．これは，出力端子と GND 間をほぼ 5 V の一定電圧に保つ 3 端子定電圧電源 IC である．たとえば，オペアンプを駆動するために 15 V の電源装置を用いた回路で，別に 5 V の電源が必要な場合は，入力端子と GND 間を 15 V にすれば，出力端子と GND 間の電圧は 5 V になる．その内部は，**図 6.13** で説明したようなツェナーダイオードを用いた定電圧回路を基本にしており，さらにトランジスタなどで，より電圧の安定化を図っている．

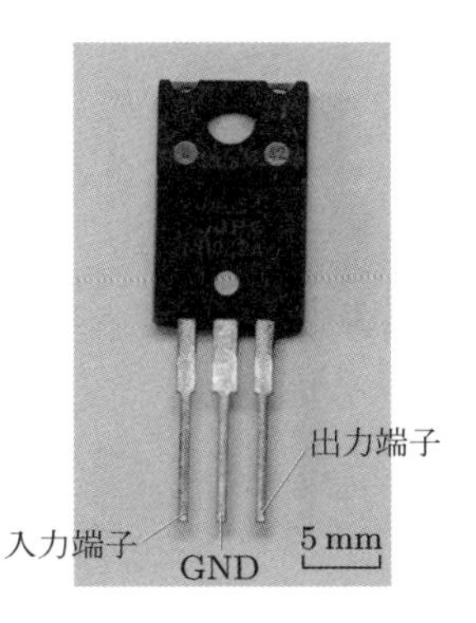

図 6.35　**3 端子定電圧電源 IC**

6.4.2 ● 安定化電源装置

必要となる電圧は，駆動するものがアナログICなのか，ディジタルICなのかで異なってくる．たとえば，ディジタルICならばGNDと5Vが必要な場合が多い．また，アナログICならば±15V程度で駆動されることが多い．さらに，信号処理用のICではなく，第7章で述べるサーボアンプでは，大きな電流を流せる直流電源が必要な場合がある．このように，目的に応じて出力電圧を変更でき，かつ設定した値に保つことができる装置が必要になってくる．その装置が，**安定化電源装置**である．その一例を図6.36に示す．この図は，典型的な安定化電源装置の概略を示している．この装置には2系統の電源があり，それぞれ，正端子，負端子，GND端子がある．図では端子AB間，端子CD間はそれぞれ15Vであり，端子A，端子Cのほうが高電位である．また，端子B，CとGNDがつながれている．GNDどうしの電位は同じであるので，GNDを0Vの基準電圧とすれば，端子Aの電位は15V，端子Dの電位は−15Vとなる．このように，3端子の場合は±15Vを実現できる．とくにオペアンプの反転増幅回路のように，電圧値を正負反転させる必要がある場合は，正負両方の電圧が必要である．また，電流調節つまみで流せる最大の電流値を決めることができる．図の場合は0.2Aであるが，常時0.2A流れるわけではない．たとえば，DCモータの負荷トルクが大きくなり，電流を増やす必要がある場合などには電流が増加する．このように，必要に応じて電流値は変化する．なお，流せる電流の最大値は電源装置によって異なる．

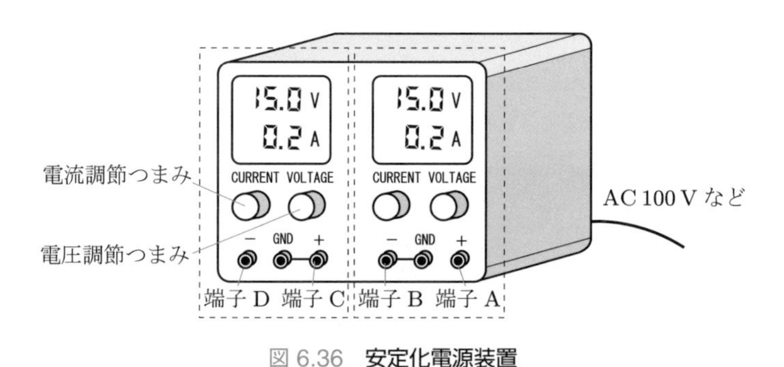

図6.36　**安定化電源装置**

章末問題

6.1　本書で紹介した以外の固定抵抗の種類を調べ，その特徴をまとめよ．

6.2　問図6.1のような，入出力できる電流が4mAの論理回路で定格電流20mAのLEDを発光させたい．抵抗Rの値はどのように決めたらよいか．V_{CE}はコレクタ-エ

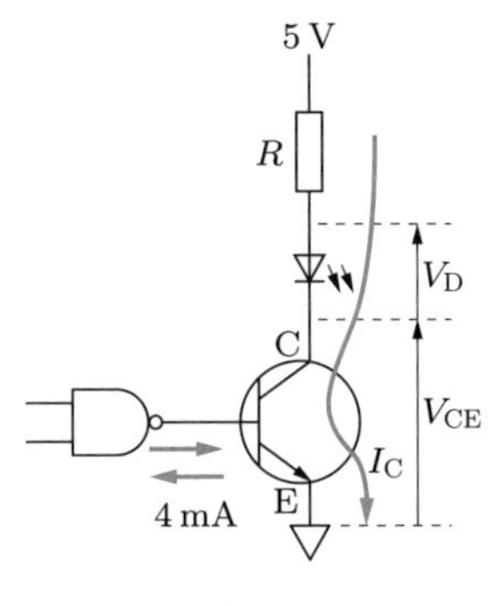

問図 6.1

ミッタ間電圧，V_D は LED の順方向電圧降下（一定と考えてよい），I_C はコレクタ電流である．

6.3 式 (6.9) と式 (6.10) を論理回路図で表せ．

6.4 ほかの方式の（論理回路を使わない）チャタリング防止回路を調べて，RS フリップフロップを使ったものとどこが違うか考えよ．

第7章 コントローラとその周辺機器

コントローラ (controller) はさまざまな意味で使われる言葉であり，本書では，「制御対象（アクチュエータなど）に対する指令値を計算し，出力する機器」として定義する．この定義によれば，「コンピュータ」，「サーボアンプ（ドライバ）」が主要な機器・要素となる．また，それらを接続するための外部I/Oインタフェースやケーブル，端子台も必要となる．本章では，これらについて概説する．

7.1 コンピュータ

コンピュータ (computer) は，一言で表せば，「計算する機械」ということができる．6.3節で述べた論理回路を用いて，2進数の演算をすることにより，さまざまな計算や処理を行う．本節では，コンピュータに関してメカトロニクスの分野として知っておくべきことを述べる．

7.1.1 ● コンピュータの種類

メカトロニクスの分野で扱うコンピュータとしては，**パーソナルコンピュータ** (personal computer: **PC**) と**ワンチップマイコン** (one-chip microcomputer) とよばれる2種類が主流である．

PCは，おもにデスクトップ型とノート型に分類される．図7.1にデスクトップ

図7.1 PCの内部

型 PC の内部写真を示す．マザーボード (mother board) とよばれる主要な電子回路基板に，CPU(central processing unit)，メモリ (memory)，ハードディスク (hard disk)，SSD (solid state drive)，電源などが接続されている．PC は，本体のほかに，モニタ，キーボード等の入出力装置が必要である．PC は，何か動作させるための専用の装置というよりは，より汎用的な目的で使われる．ワードプロセッサや表計算などのソフトウエアを使うことが一般的であるが，それだけではなく，外部機器をつなげることによって，メカトロニクスにおける計測・制御に用いることができる．また，シミュレーションなどにも使うことができる．しかし，その反面，寸法が大きい，質量が大きい，後述のマイコンより多くの電力が必要などといった欠点もある．

ワンチップマイコンは，外部インタフェースも含めた一つの IC として提供される小型のコンピュータである．CPU，メモリ（RAM と ROM），周辺回路などが一つの IC に入っている．小型安価，動作速度が速いといった利点がある反面，メモリや命令機能に制限があり，拡張性が低い．しかし，小型であるため，さまざまな電気製品に使われている．

図 7.2 に，マイクロチップテクノロジー社の **PIC** とよばれるマイコンを示す．PIC にはさまざまな種類があり，A/D 変換器や PWM 信号による外部出力機能が搭載されたものもある．たとえば，図の PIC16F877A は，44 ピンで，8 チャンネル，10 bit の A/D 変換器をもつなど，比較的高機能なマイコンである．基本的には PC 上でプログラムを作成し，それを専用の書き込み装置を使って PIC に書き込み，動作させるというスタイルをとる．このほかに，各社からさまざまなマイコンが発売されているとともに，規格が制定されているだけの **ARM マイコン**がある．

また，初心者向けの小型で安価な**ボードコンピュータ**が開発され使用されている．主要なものとしてラズベリーパイ (Raspberry Pi) とアルドゥイーノ (Arduino) が

図 7.2　PIC の外観写真 (PIC16F877A)

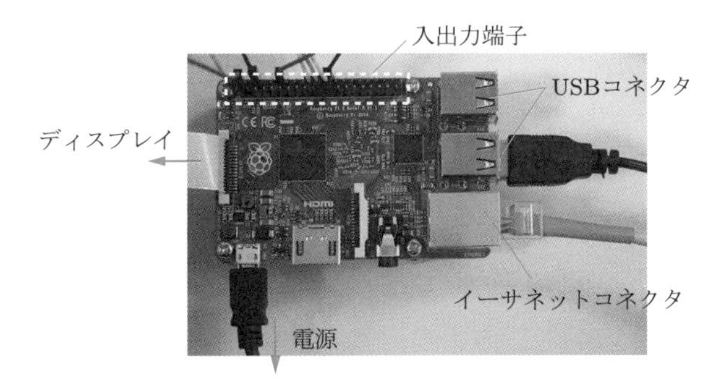

図 7.3　Raspberry Pi 2 Model B

図 7.4　Arduino UNO

ある．このうち，おもに教育用として開発されたラズベリーパイは，OS として PC でも用いられる Linux を用いている．また，USB やイーサネットもボード上に備えつけられており，小型の PC と考えてよい．Raspberry Pi 2 Model B という機種（図 7.3）は，大きさが約 86 mm × 57 mm，質量も約 45 g と非常に小さい．アルドゥイーノ（図 7.4）も同様に小型で，CPU やメモリの大きさ，外部とのインタフェースが異なる多くの種類がある．アルドゥイーノはラズベリーパイと異なり，PC からプログラムをダウンロードすることにより動作させる．両者とも外部とのインタフェースとしては，シリアル通信や，PWM 信号を出力できる端子があり，センサ信号を取り込んだり，後述するラジコンサーボ等を簡単に制御することができる．また，両者とも教育目的で開発されたため，デスクトップ PC より拡張性は低いものの，比較的簡単に扱うことが可能である．

7.1.2 ● コンピュータの内部構造

コンピュータには，計算する機能をもつ CPU(central processing unit) があり，これらの周辺に ROM や RAM とよばれるメモリ，そして外部インタフェースがあ

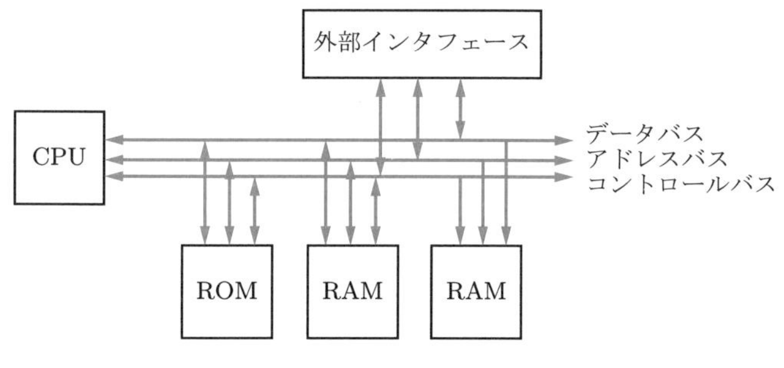

図 7.5 **PC の内部構造の模式図**

る．図 7.5 に，PC の模式図を示す．

外部インタフェースは，モニタやキーボード，プリンタなども含む．**ROM** (read only memory) は，読み出し専用のメモリであり，コンピュータの構成や基本情報が格納されている．**RAM** (random access memory) は，ユーザが使えるメモリのことであり，データやプログラムを記憶させておくことができるメモリである．

CPU とメモリや外部機器は，**バス** (bus) とよばれる信号の通り道でつながれている．バスには，**アドレスバス** (address bus)，**データバス** (data bus)，そして**コントロールバス** (control bus) の 3 種類が存在する．アドレスバスは，たとえばメモリなら，メモリのどの部分を読み書きするかを指定するための番地に関する情報をやりとりする．データバスは，データのやりとりをする．コントロールバスは，指定されたところにあるデータに対する指示（書き込むのか読み込むのかなど）を送る役割を担っている．

ワンチップマイコンも，基本的には同様の構造をしている．図 7.6 に PIC マイコンの構造の概略図を示す．PC との違いは，PC では CPU やメモリが独立の部品として存在しており，それをマザーボード上で統合しているのに対し，マイコンの場合，周辺機器（**図 7.6** の最下部）も IC の中に組み込まれている点である．このため，PIC では，たとえばもう 1 チャンネル A/D 変換器が必要な場合は，より多くのチャンネルをもつマイコンを選択する必要がある．

PIC の場合，プログラムメモリに搭載されているプログラムを実行する．PIC16F877A の場合，命令は 14 bit で 35 種類ある．プログラムは，**プログラムバス** (program bus) とよばれるバスで伝達される．演算処理部で処理されたデータや，周辺機器からのデータがデータバスで送られてくるのは，PC と同じである．

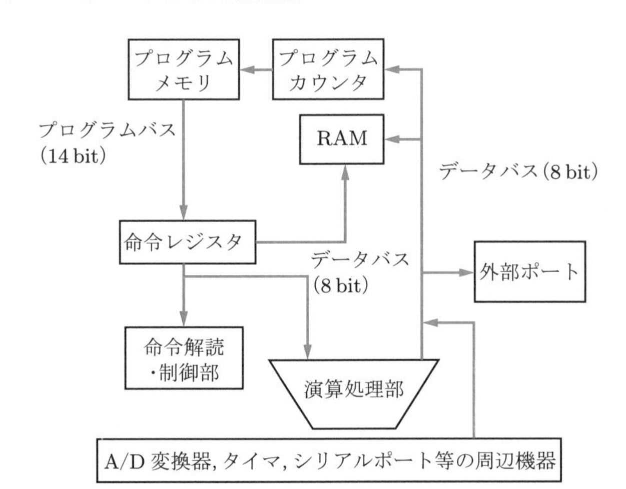

図 7.6　PIC マイコンの構造概略図

7.1.3 ● 外部インタフェース

コンピュータは，そのままでは単に計算するだけであるので，データを取り込んだり，計算結果を出力したりする**外部インタフェース** (interface) が必要である．その主要なものに，データを並行して同時に送る**パラレルバス** (parallel bus) とよばれる規格と，一つの信号線で信号を送る**シリアルバス** (serial bus) とよばれる規格がある．以下，それらの概略について述べる．

(1) パラレルバス

パラレルバスとは，複数の信号線を用いて同時に転送する方式である．たとえば 32 bit の 2 進数のデータを送る場合，信号線が 1 本だと 32 個の 0 と 1 の並びを送る必要があるが，信号線が 32 本あれば，データ転送は 1 度で済み，データ転送の時間は少なくて済む．その代わりに，信号線がより多く必要であり，配線が複雑になるとともに接続部分のコネクタが大きくなってしまう．また，信号と信号の間の同期をとる必要がある．

デスクトップ型 PC のパラレルバスには，これまでいくつかの規格が存在し，日本では，独自の規格として **C バス**とよばれるものがあった．これは，おもに NEC 社製の PC で使われた規格で，アドレス信号が 24 bit，データ信号が 16 bit である．1980 年代まで用いられていたが，IBM 互換機とよばれる世界標準の PC が日本でも用いられるようになり，現在ではほとんど使われていない．これに対して，IBM 互換機では **ISA バス**とよばれる規格が一般的であった．ISA バスも，アドレス信号が 24 bit，データ信号が 16 bit である．しかし，ISA バスの規格ではデータの転送速度が遅かったため，より速く，多くのデータを送ることのできる規格が生まれた．これが，**PCI バス** (peripheral computer interface bus) とよばれる規格である．アドレスバス，データバスとも 32 bit に拡張されている．なお，PCI バスを工業製品に適用するために，CompactPCI という規格も作られている．近年では PCI バスをもつマザーボードも少なくなってきており，その代わりに後述するシリアルバスの一種である PCI Express というバスが主流である．PCI Express バスを通して PCI バスのボードを制御することは可能である．

図 7.7〜7.9 に，それぞれのバスの規格に基づいたボードを示す．バスによって，コンピュータとの接続コネクタの形状が異なることがわかる．これに対応する差し込み用のコネクタがコンピュータ側に用意されており，それに差し込んで用いる．異なる規格のボードは差し込めない．

近年では，PC 側の PCI バスが一つしかないものや，まったくないものもある．しかし，一般にメカトロニクスでは，外部インタフェースとして複数のボードを

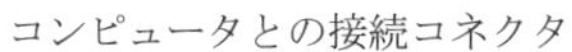

図 7.7　C バス拡張ボード

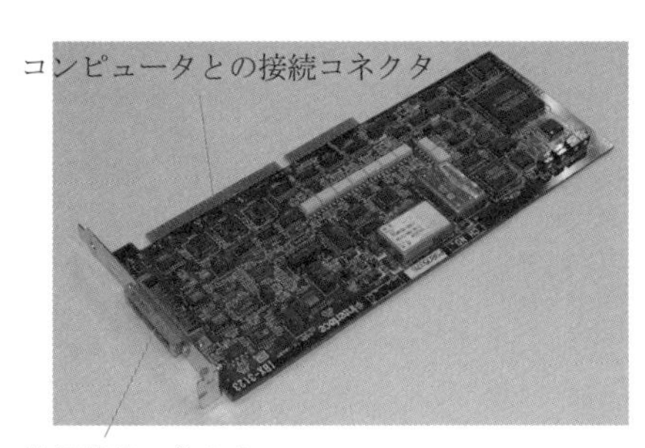

図 7.8　ISA バス拡張ボード

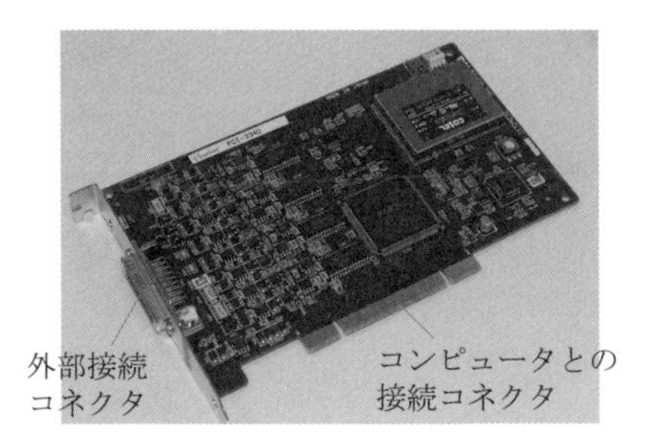

図 7.9　PCI バス拡張ボード

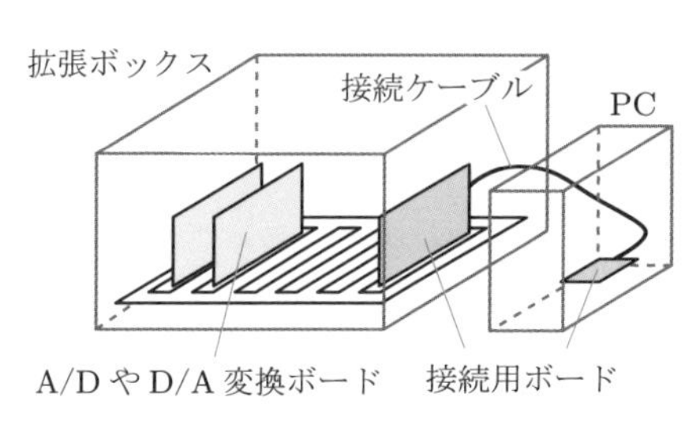

図 7.10 **拡張ユニットの概念図**

図 7.11 **拡張ユニット**

使うことが多い．この場合には，拡張ユニットとよばれる機器を用いる必要がある．拡張ユニットには複数の PCI バスが用意されており，それらをまとめて一つの PCI バスで PC とつなぐことができる（図 7.10，7.11 参照）．

ノート PC で A/D 変換や D/A 変換をしたい場合，図 7.12 に示すような PC カードを利用することが多かった．ただし，近年ではノート PC の薄型化，および後述する USB の普及などにより，このカードを挿入できるスロットをもたないものがほとんどになっている．

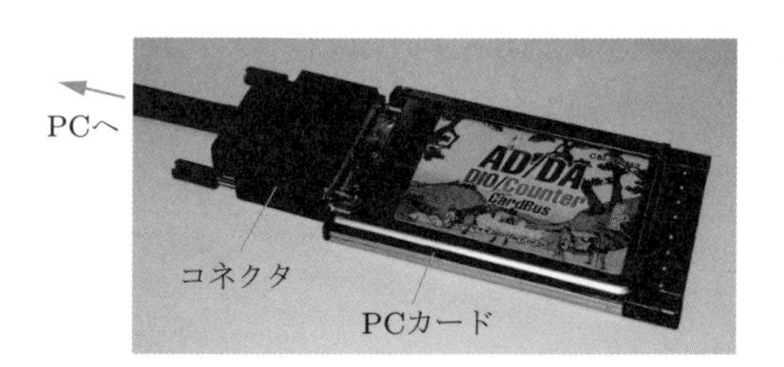

図 7.12 **PC カード**

(2) シリアルバス

一つの信号線で信号を伝達する方式である．データを送る線がパラレルバスより少なくて済むため，小さいコネクタで済み，省スペース化ができる．信号線間でデータの同期をとる必要がないため，高速化がしやすく，現在では主流の方式となっている．

USB (universal serial bus) は，接続が容易で，バスを通じて PC 側から電力供給ができるなど，利便性に優れた特徴をもつ．そのため，現在では PC と周辺機器の接続にもっとも広く使われている．1996 年の制定以降，2013 年には USB3.1 が，2017 年に USB3.2 が，2019 年には USB4 が策定されており，規格が更新されるたびに最大データ転送速度が向上している．それとともにコネクタ形状も変化しており，Type A，Type B，Type C 等がある．ノート PC 用の外部機器とのインタフェースは USB 経由のみになりつつあるので，USB を用いて A/D 変換や D/A 変換するための機器も増えている．

シリアルバスのほかの例として，前述の **PCI Express** がある．PCI Express は PCIe, PCI-E 等とも表記される．ここでは，PCIe と表記する．PCIe は，PCI バスの速度向上を目的として導入された規格である．2023 年現在で，PCI Express 6.0 という規格が最新である．PCIe のスロットには，「×16」「×8」「×4」「×2」「×1」等の種類がある．これらの数値はレーンとよばれ，信号線の組の数を表す．数値が大きいほど，より多くのデータを高速でやりとりできる．図 7.13 は，PCIe × 16，PCI バス，PCIe × 4 のスロットである．このようにスロットの形状が異なるので，PCI バスのボードを PCIe のスロットに差すことはできない．

図 7.14 の左は PCIe × 16，右は PCIe × 1 のコネクタを有する拡張ボードである．左がグラフィックボード，右が拡張ユニット用の接続ボードである．このよう

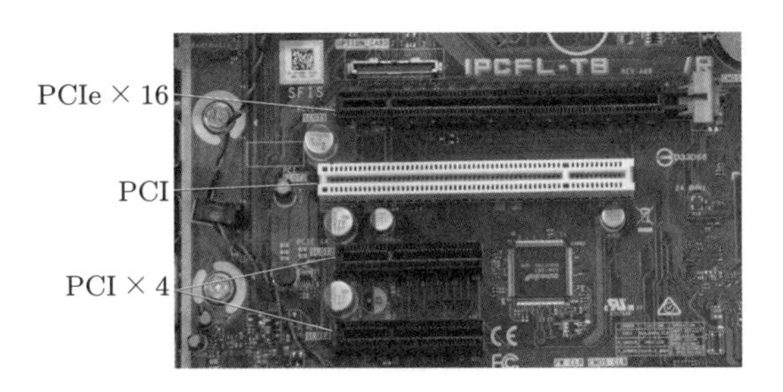

図 7.13　PCIe と PCI のスロット

図 7.14　PCIe × 16，× 1 のコネクタを有する拡張ボード

に，PCIe どうしでもコネクタの形状が異なる場合がある．なお，小さいレーンのボードは，レーンが大きなボードのスロットを使用することは可能である．たとえば，PCIe × 1 は PCIe × 4 のスロットに差しても使用できる．

7.2　ケーブルと端子台

PC と各種ボードは，接続用のコネクタが用意されているが，ボードから先のケーブルはどうであろうか．前節で紹介した各ボードには，コネクタが付いている．このコネクタには規格があり，それに合うコネクタを使用する必要がある．

パラレル転送方式で，チャンネル数が増えると，ケーブルの数も増える．これを人間が直接扱うと間違う可能性がある．それを防止するため，**端子台**とよばれる製品を使うことがある．図 7.15 にその写真を示す．端子台には，PC との接続ケーブル用のコネクタが付いており，そこからケーブルが一本一本別々に端子に配線されている．図のように，指定の番号の端子に配線することで，簡単にセンサやアンプとコンピュータを接続できる．

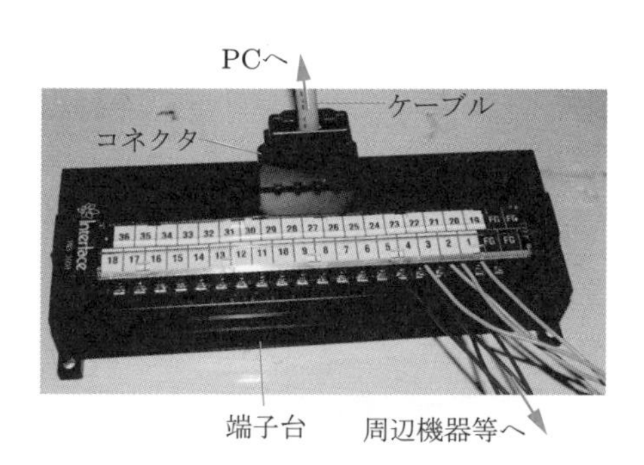

図 7.15　**端子台**

7.3　アンプとドライバ

アンプ (amplifier)，**サーボアンプ** (servo amplifier)，**ドライバ** (driver) とよばれる機器は，コンピュータから出力された信号に基づき，各種モータを動作させる機器のことである．それぞれ呼び名は異なるが，基本的には同様の機能をもつ．動作させるモータごとにそれぞれ解説する．

7.3.1 ● DC モータ

DC モータのアンプの最大の役割は，電流および電圧の増幅である．通常，PC 等のコンピュータから出力できるアナログ電圧は，±5 から ±10 V 程度であり，また，電流は非常に小さい．モータは大きいものになると数十 V，数十 A が必要な場合もあり，コンピュータから出力されるアナログ信号では到底電力が足りない．そこで，アンプを使って電力を増幅する．アンプの中でも，速度等の制御機能をもつものをとくにサーボアンプとよぶ．アンプやサーボアンプは，市販の電子部品を使って自作することも可能であるが，モータのメーカから対応する製品を購入することもできる．図 7.16 に，マクソンジャパン㈱の 2 種類の製品を示す．両方ともほぼ同じ性能をもつサーボアンプである．左の製品の寸法は 115 mm × 75.5 mm × 24 mm，右の製品の寸法は 43.2 mm × 31.8 mm × 12.7 mm であり，どちらも昔の製品と比べてかなり小型化されている．また，PC から USB 経由で各種設定もできるようになっている．これを使った，PC とモータの接続の概念図を図 7.17 に示す．このようにアンプは，PC から出力されたアナログ信号を受けて，モータに必要な電圧と電流を供給する役割を果たす．たとえば，**図 7.16** の製品では，250 W のモータまで駆動可能で，最大出力電圧 50 V，連続出力電流 5 A と，かなり大きな電圧，

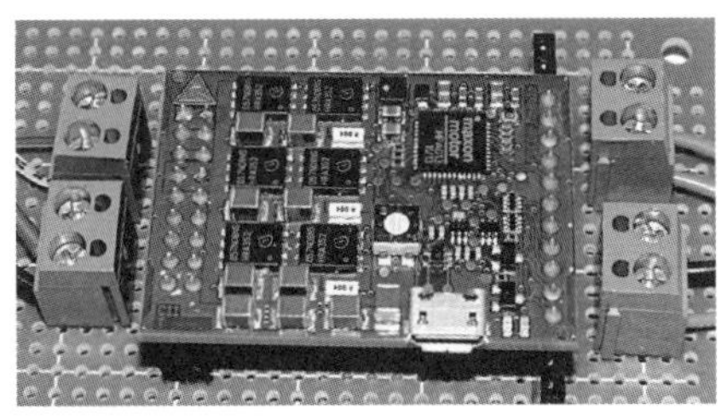

図 7.16 サーボアンプの例

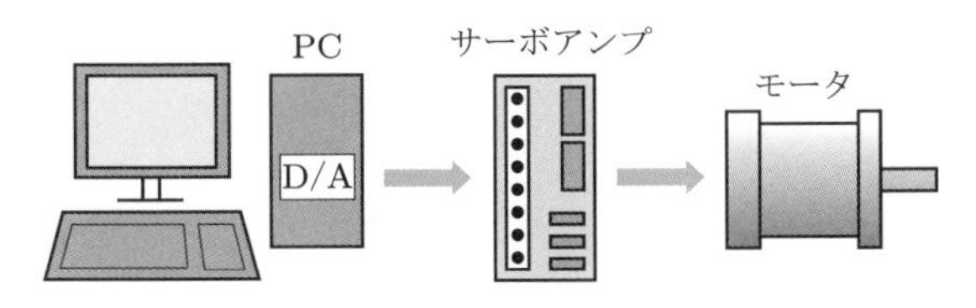

図 7.17 サーボアンプと PC との接続

電流を出力できる．ただし，このサーボアンプを駆動するためには，それに見合う容量を有する直流電源を接続することが必要である．

サーボアンプが受ける信号としては，このほかにパルス信号もある．この場合はパルス出力できるボードや端子が必要である．

モータに供給する電流と電圧には，2.2.6 項で述べたように，アナログ方式とPWM 方式がある．PWM 方式のほうが効率がよいとされており，市販のアンプではPWM 方式を採用している場合が多い．

7.3.2 ● AC モータ

AC モータも，基本的には DC モータと同様の機能をもつ．受け付ける指令値も，アナログ信号，パルス信号ともに存在し，目的やシステムに応じて選ぶことが必要となる．AC モータ特有の制御はサーボアンプに任せることができ，第 2 章で述べたような回転磁界を目的に応じて自動的に作成してくれる．このため，制御する側としては，DC モータと同様の制御を考えればよい．

7.3.3 ● ステッピングモータ

ステッピングモータは，入力したパルスの数に比例した角度だけ回転する．このため，ステッピングモータのドライバ（ステッピングモータの場合，ドライバということが多い．図 7.18 参照）は，パルスを受けることが通常である．その後は，AC モータと同様，ドライバが制御してくれるので，ユーザ側であまり考えなくてもよい．動作パターンを作成して，それに応じたパルスを送ればよい．なお，ボードによっては自動的にステッピングモータの運転パターンを作成してくれるものもある．

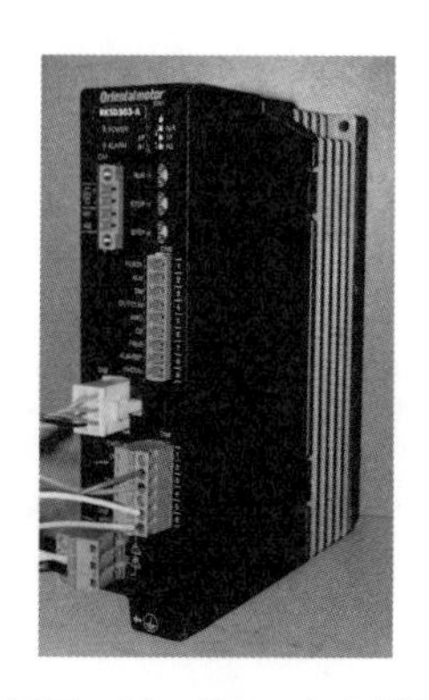

図 7.18　ステッピングモータのドライバの例

7.3.4 ● ラジコンサーボ

このほかには，たとえば**ラジコンサーボ**（radio control servo：RC サーボ）が挙げられる．ラジコンサーボを使ったロボットは比較的簡単に製作できるため，よく用いられる．図 7.19 にその外観を，図 7.20 にその構成図を示す．**図 7.20** に示すように，ラジコンサーボには DC モータ，減速機，ポテンショメータおよび制御回路が内蔵されている．ラジコンサーボという名称であるが，無線を使う必要はなく，パルスで回転角度を制御することができる．図 7.21 にラジコンサーボを駆動するためのパルスの概念図を示す．一定のパルス周期 T（20 [ms] = 50 [Hz] が多い）に対してパルスが High になっている時間 (T_1) で回転角度が決まる．なお，T に対する T_1 の比，すなわち T_1/T をデューティー比とよぶ．制御装置がパルス幅に応じた角度に自動的にモータを駆動するため，ユーザ側でフィードバック制御を行う必要はない．パルス周期 T の値や，T_1 と角度の関係は，各ラジコンサーボで

図 7.19　ラジコンサーボの外観

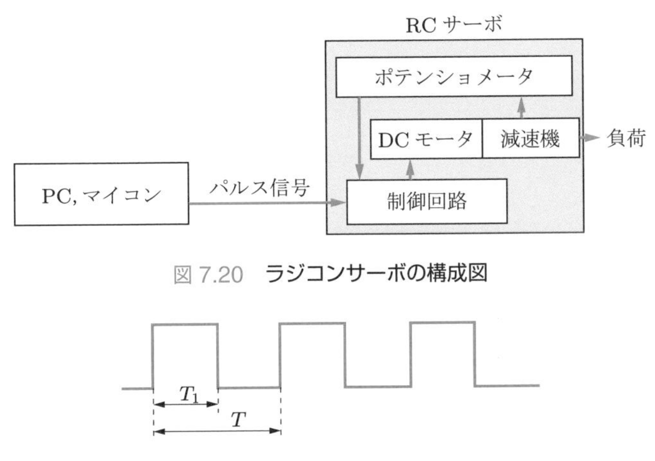

図 7.20　ラジコンサーボの構成図

図 7.21　ラジコンサーボを駆動するパルス

異なる．制御機器はパルス幅が可変なパルス信号を出力する必要があるが，この信号は，マイコンなどでも簡単に出力できる．図7.22に，USB経由でパルス出力できるラジコンサーボ用ドライバの例を示す．これは，PCのソフトウエアを変更することでパルス幅を変更できるものである．

図7.22　USB接続のラジコンサーボ用ドライバの例

章末問題

7.1　身近にあるPCがどのような部品から構成されているか調べよ．

7.2　PCに接続するA/D変換器やD/A変換器を選ぶ際，何に注意すべきか．

7.3　サーボアンプを選定する際に注意すべき事項は何か．

第8章 制御工学入門

メカトロニクスとは機械工学と電子工学および情報工学の融合であり，その最大の目的は，望むように機器を動作させせることである．そして，その理論的背景がフィードバックに基づく制御工学である．本章では，古典制御理論と現代制御理論など，各種制御について紹介する．そして，おもに古典制御における過渡応答，周波数応答，安定判別，PID 制御などについて概説する．

8.1 メカトロニクスと制御工学

JIS では，**制御** (control) は，「ある目的に適合するように，対象となっているものに所要の操作を加えること」と定義されている．すなわち，所望の動作を得るために，アクチュエータ等に何らかの操作を行うことである．たとえば，DC モータをある回転数（以下，回転数とは回転速度の意味で用いる）で回転させたいとき，所定の電圧をかける必要がある．これが「制御」ということである．

しかし，DC モータの場合，単に一定の電圧をかけただけでは，負荷が変動した場合に回転数が変化してしまう．回転数を一定に保つためには，たとえば人間が回転数を監視し，電圧を操作するなど，何らかの対応が必要となる．これを，人による監視によらず，自動的に所望の動作が得られるようにしたのが自動制御である．自動制御では，センサによって現在の状況を監視し，その状況に応じてアクチュエータに操作を加えることになる．

自動制御の理論的背景が制御工学であり，メカトロニクスにおいても，制御工学を基に望みの動作が得られるよう，制御系の設計や評価を行うことになる．

8.2 フィードバック制御とその歴史

フィードバック制御の起源は，18 世紀後半の産業革命といわれている．当時，小麦は臼によって挽かれており，粉の大きさがそろったものがよいとされていた．小麦の粉の大きさを一定に保つためには，臼の上下の石の間の間隔をほぼ一定に保つことが必要であり，そのためには臼を回す速度を一定に保つ必要があった．しかし，当時の蒸気機関には脈動等があり出力を一定に保つことが難しく，また負荷の変化によっても回転数が変動してしまうという欠点があった．そこで，小麦を挽く臼を一定の速度で回す機構を蒸気機関と組み合わせた**ガバナ**が開発された．開発したのは**ワット** (J. Watt, 1736–1819) だとされている．図 8.1 にその概略図を示す．臼を回転させる軸は蒸気機関により回転する．この軸に，おもりと，おもりの上下動に応じて蒸気弁を開閉させる機構が取り付けられている．回転数が大きいと遠心力が大きくなり，おもりが上昇する．そして，機構を通して蒸気弁を閉じる方向に動かす．こうすることで，回転数が上がりすぎると蒸気弁を閉じて，回転数を下げるような仕組みを作ったのである．この場合，おもりが回転数を検出するセンサの役割を果たしており，蒸気弁を閉じたり開けたりすることによって，所望の臼の回転数を得ようとしている．

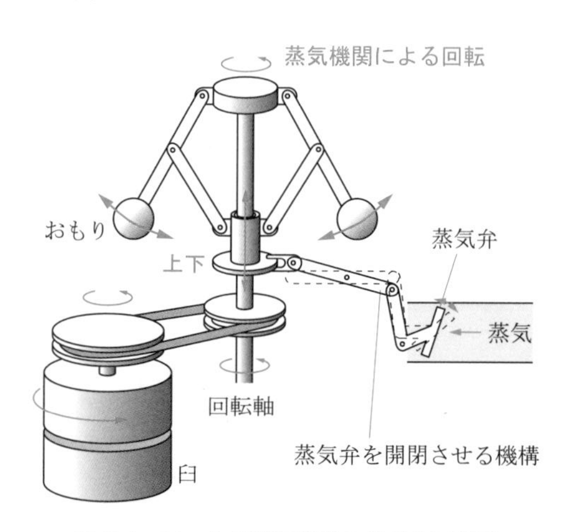

図 8.1　**ワットの蒸気機関のガバナ原理図**

8.3　制御の種類

制御理論には，大きく分けて古典制御と現代制御の 2 種類がある．さらに，コンピュータでの制御にとくに注目した理論として，ディジタル制御がある．別の分類方法として，定値制御，サーボの二つに分けられることもある．また，フィードバック制御のように出力を調整する制御とは異なり，処理の順序や手続きを制御する方法として，シーケンス制御がある．なお，本章で説明する制御系は，入力と出力が線形性を有することを前提とする．ただし，ここでの「線形性」は，4.2.1 項で説明した「線形性」とは若干意味が異なる．ここで「線形性を有する」とは，たとえば入力が 2 倍になったら出力も 2 倍になり，複数の関数の和が入力された場合，出力が個々の関数に対する出力の和となるような性質を有する，ということである．

(1) 古典制御

古典制御理論は，次節で述べるように，システムを**伝達関数** (transfer function) で表す．伝達関数は，あるシステムにおける入力と出力の関係を表す．図 8.2 は伝達関数の概念図を示している．この図では，入力が伝達関数によって出力に変換されると考える．この際，内部でどのようなことが行われているかはあまり意識せず，入力と出力との関係のみに注目している．

図 8.2　**古典制御における伝達関数**

伝達関数を扱う際に，ラプラス変換が重要な役割を果たす．基本的には，1 入力 1 出力系である．その歴史は古いが，現実問題を解決するには非常に有用で，現在でも多くの制御系構築にこの方法が用いられている．

(2) 現代制御

現代制御理論（システム制御理論などともよばれる）では，システムを 1 階微分方程式で表し，それらの関係を行列で記述する．この行列を用いた微分方程式を**状態方程式**という．状態方程式の行列を解析することにより，システムの挙動を調べるのが現代制御とよばれる方法である．古典制御とまったく異なる方法であるわけではなく，現代制御の中に古典制御が含まれる．理論的で難しく，実際のシステムに適用されることは古典制御に比べるとあまり多くはない．

(3) ディジタル制御

上述の二つの制御理論は，アナログ値をもつ連続系を対象として発展してきた．これに対して，近年のコンピュータの発展に伴い，制御もディジタル系で考える必要が生じた．時間軸とセンサなどの値が離散値となるため，アナログの理論をそのまま適用するのは，厳密には正しくない．これを補完するために整えられた理論が，**ディジタル制御理論**である．しかし，制御周期が短いなどの仮定をおいて，アナログ系とみなしても問題ない場合が多い．

(4) 定値制御とサーボ

制御の種類として，制御されるものに着目した分類もある．その代表例が定値制御とサーボである．

定値制御は，制御される量を一定値に保とうとする制御である．たとえば，エアコンの室内温度を一定に保つのも定値制御である．また，化学プラント等においては，液体の温度，圧力などを一定に保つ必要があり，定値制御が用いられている．

これに対して，**サーボ** (servo) は，目標値が変化するものに追従するような制御である．たとえば人間型のロボットが，その腕で何か作業をしようとした場合，各関節角度は時々刻々変化する．その関節角度に追従するのが，サーボとよばれる制御である．

(5) シーケンス制御

シーケンス制御 (sequential control) は，ある時間が経った後，もしくはある事象が生じたときに次の処理に移るような制御を指す．たとえば現代の洗濯機は，洗濯物と洗剤を入れスイッチを入れると，水をドラム内に注入し，ドラムを回転させ洗濯し，排水し，脱水を自動的に行う．この一連の工程の順序は決まっており，前の工程が終了した，もしくは前の工程の予定時間が終了した後に次の工程に入る．このとき，各処理においてアクチュエータ，センサ，コントローラが必要であるだけでなく，その工程が終了したかどうかを判断するために，センサやタイマが必要になる．メカトロニクス機器においても，シーケンス制御はよく用いられる．

8.4　古典制御理論の概要

以下に古典制御理論の概要を示す．古典制御理論では，入力と出力の関係を表す微分方程式をラプラス変換して伝達関数を求め，伝達関数からシステムの特性を評価する．

8.4.1 ● ラプラス変換

時間関数 $f(t)$ に対し，次式で表される変換を**ラプラス変換**という．

$$F(s) = \int_0^{+\infty} f(t) \cdot e^{-st} \mathrm{d}t \tag{8.1}$$

ここで，s は複素数である．ラプラス変換の記号としては $F(s)$ 以外にもいくつかあり，$\mathcal{L}\big[f(t)\big]$ とも書く．ラプラス変換は式 (8.1) に従って計算すればよいが，よく使われる関数 $f(t)$ については多くの制御工学の教科書にラプラス変換表として示されているので，適宜その変換表を用いればよい．表 8.1 にその一例を示す．なお，表中 $\delta(t)$ は**単位インパルス関数**であり，以下の定義となる．

$$\delta(t) = \begin{cases} \infty & (t = 0) \\ 0 & (t \neq 0) \end{cases} \tag{8.2}$$

また，$u(t)$ は**単位ステップ関数**であり，以下の定義である．

$$u(t) = \begin{cases} 0 & (t \leq 0) \\ 1 & (0 < t) \end{cases} \tag{8.3}$$

重要なラプラス変換の性質としては，以下のようなものがある．なお，$f(0)$ は初期値，$f^{(-1)}(t)$ は $f(t)$ の時間積分を表す．

表 8.1 代表的な時間関数のラプラス変換

時間関数 $f(t)$	ラプラス変換後の形 $F(s)$
$\delta(t)$	1
$u(t)$	$\dfrac{1}{s}$
$1 - e^{t/T}$	$\dfrac{1}{s(1+sT)}$
e^{-at}	$\dfrac{1}{s+a}$
$\sin \omega t$	$\dfrac{\omega}{s^2+\omega^2}$
$\cos \omega t$	$\dfrac{s}{s^2+\omega^2}$
t^n	$\dfrac{n!}{s^{n+1}}$
$\dfrac{\omega_n}{\sqrt{1-\zeta^2}} e^{-\zeta\omega_n t} \sin \sqrt{1-\zeta^2}\omega_n t$	$\dfrac{\omega_n^2}{s^2 + 2\zeta\omega_n s + {\omega_n}^2}$

(1) 微分と積分

$$\mathcal{L}\left[\frac{\mathrm{d}f(t)}{\mathrm{d}t}\right] = sF(s) - f(0) \tag{8.4}$$

$$\mathcal{L}\left[\int f(t)\mathrm{d}t\right] = \frac{F(s)}{s} + \frac{f^{(-1)}(0)}{s} \tag{8.5}$$

このように，ラプラス変換を使うと関数の微分積分が $F(s)$ と s の乗算もしくは除算で表され，8.4.2 項で述べるように微分方程式を非常に簡単な形で表すことができる．そして，入出力関係が伝達関数で表せるようになる．

(2) 最終値の定理

$$\lim_{t\to\infty} f(t) = \lim_{s\to 0} sF(s) - f(0) \tag{8.6}$$

この定理を用いると，出力が最終的にどの値に収束するかを計算できる．その収束した値が目標値と一致するかどうかを判定するために有用である．ただし，8.7 節で説明する不安定な系には適用できない．

8.4.2 ● 伝達関数

入力を $x(t)$，出力を $y(t)$ とすると，1 入力 1 出力のシステムは一般に次のように表される．

$$\begin{aligned}&\frac{\mathrm{d}^n y(t)}{\mathrm{d}t^n} + a_{n-1}\frac{\mathrm{d}^n y(t)}{\mathrm{d}t^{n-1}} + \cdots + a_2\frac{\mathrm{d}^2 y(t)}{\mathrm{d}t^2} + a_1\frac{\mathrm{d}y(t)}{\mathrm{d}t} + a_0 y(t)\\ &\quad = b_m\frac{\mathrm{d}^m x(t)}{\mathrm{d}t^m} + b_{m-1}\frac{\mathrm{d}^{m-1}x(t)}{\mathrm{d}t^{m-1}} \cdots + b_2\frac{\mathrm{d}^2 x(t)}{\mathrm{d}t^2} + b_1\frac{\mathrm{d}x(t)}{\mathrm{d}t} + b_0 x(t)\end{aligned} \tag{8.7}$$

ここで，a_i，b_j $(0 \le i \le n-1,\ 0 \le j \le m)$ は定数であり，一般に $m \le n$ である．初期値をすべて 0 として上式をラプラス変換すると，次式のようになる．

$$\begin{aligned}&(s^n + a_{n-1}s^{n-2} + \cdots + a_2 s^2 + a_1 s + a_0)Y(s)\\ &\quad = (s^m b_m + b_{m-1}s^{m-1} + \cdots + b_2 s^2 + b_1 s + b_0)X(s)\end{aligned} \tag{8.8}$$

伝達関数 $G(s)$ は出力のラプラス変換を入力のラプラス変換で割ることで得られ，次式で表される．

$$G(s) = \frac{Y(s)}{X(s)} = \frac{s^m b_m + b_{m-1}s^{m-1} + \cdots + b_2 s^2 + b_1 s + b_0}{s^n + a_{n-1}s^{n-2} + \cdots + a_2 s^2 + a_1 s + a_0} \tag{8.9}$$

このように，システムの入出力関係が，微分方程式の代わりに s の多項式を分子分母にもつ関数として表現される．古典制御では，$G(s)$ を基にシステムの挙動を調べる．そして，この関係を図 8.3 に示すような**ブロック線図**で表す．

このブロック線図で表す方法は強力で，たとえば，図 8.4 のようなシステムであれば，伝達関数は $G(s) \cdot H(s)$ となり，二つの伝達関数の積で表される．また，図 8.5 に示すように，二つの信号の和または差を計算する加え合わせ点，信号を分岐させる引き出し点を用いて，複雑な信号のやりとりを記述することもできる．

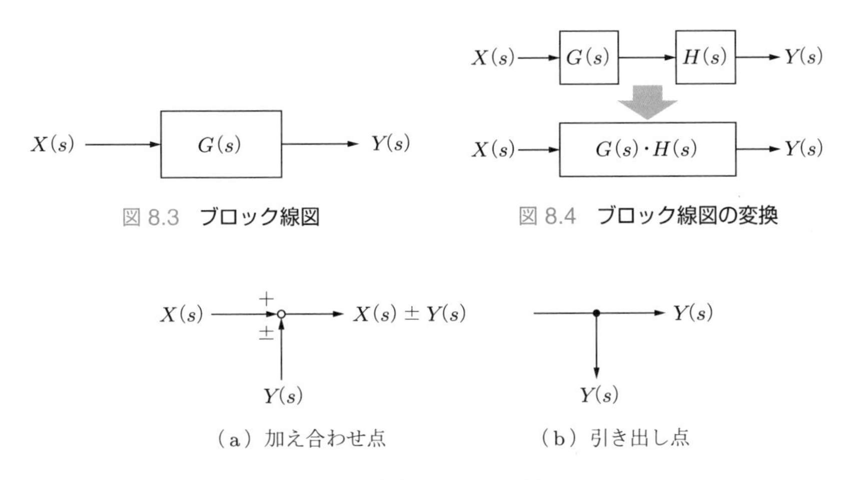

図 8.3　ブロック線図

図 8.4　ブロック線図の変換

図 8.5　加え合わせ点と引き出し点

8.5　具体例

ここでは，図 8.6 のようなばね－質量－ダッシュポット系を具体例として，この系が古典制御においてどのように表されるかを見る．この図において，質量 m の物体と水平面との間が，質量の無視できるばね（ばね定数 k）とダッシュポット（粘性係数 c）でつながれており，物体に上方向に力 $f(t)$ がかかると考える．物体は上下方向のみに動くものと考える．物体のつり合いの位置からのずれを $y(t)$ とする．力 $f(t)$ によって物体は上下に振動するが，k と c の値を調節することで，振動を抑えることができる．すなわち，ショックアブソーバの原理である．このとき，$f(t)$ を入力，変位 $y(t)$ を出力として，システムの応答を考えることになる．

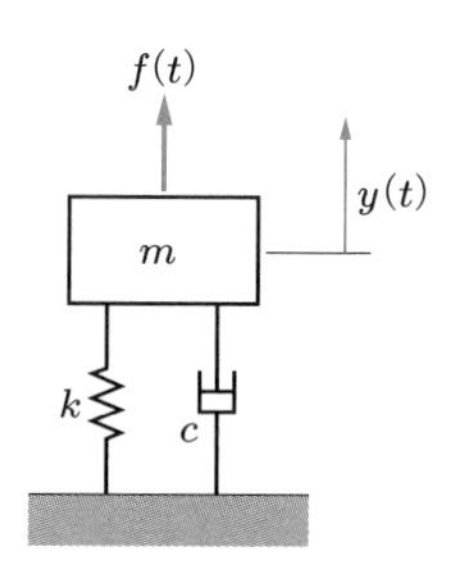

図 8.6　**ばね - 質量 - ダッシュポット系**

まずは運動方程式を立てる必要がある．運動方程式は以下のようになる．

$$m\ddot{y}(t) + c\dot{y}(t) + ky(t) = f(t) \tag{8.10}$$

式 (8.10) をラプラス変換すれば次式となる．

$$s^2 mY(s) + csY(s) + kY(s) = F(s) \tag{8.11}$$

したがって，伝達関数 $G(s)$ は次のようになる．

$$G(s) = \frac{Y(s)}{F(s)} = \frac{1}{s^2 m + cs + k} = \frac{1}{k} \cdot \frac{{\omega_n}^2}{s^2 + 2\zeta\omega_n s + {\omega_n}^2} \tag{8.12}$$

ここで，

$$\zeta = \frac{c}{2\sqrt{mk}} \tag{8.13}$$

$$\omega_n = \sqrt{\frac{k}{m}} \tag{8.14}$$

である．式 (8.12) の挙動は，ζ と ω_n により支配される．この伝達関数を基に，応答性，安定性などの議論を行う．なお，この系は 2 次遅れ系とよばれる系である．

8.6　システムの応答

システムの応答特性を調べるのに，2 種類の方法がある．過渡応答と周波数応答である．本節では，これら二つについて解説する．

8.6.1 ● 過渡応答

過渡応答とは，システムに何らかの入力があったときに，最終値に落ち着くまでの出力の応答を意味する．よく用いられる入力は，ステップ入力である．ステップ入力は，時間 $t=0$ において，入力値が 0 から一定値にいきなり変化する（図 8.7 参照）．一定値が 1 のとき，とくに単位ステップ入力とよび，$u(t)$ で表す．単位ステップ入力では，$t \leq 0$ において $u(t)=0$，$t>0$ において $u(t)=1$ である．このときの出力が，ステップ応答である．ステップ応答がどのような波形になるかによって，システムの挙動がわかる．

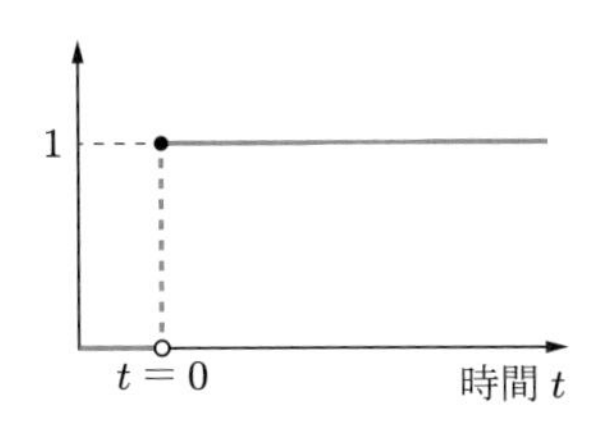

図 8.7　**単位ステップ入力**

単位ステップ関数のラプラス変換は，初期値を 0 とすれば，$F(s)=\mathcal{L}[u(t)]=1/s$ と表される．これを使えば，ステップ応答が算出できる．

たとえば，**図 8.6** の例題の場合，式 (8.12) は次式のように変形できる．

$$Y(s)=\frac{1}{k}\cdot\frac{{\omega_n}^2}{s^2+2\zeta\omega_n s+{\omega_n}^2}\cdot F(s) \tag{8.15}$$

ここで，単位ステップ入力の場合，$F(s)=1/s$ だから，

$$Y(s)=\frac{1}{k}\cdot\frac{{\omega_n}^2}{s(s^2+2\zeta\omega_n s+{\omega_n}^2)} \tag{8.16}$$

となる．この $Y(s)$ をラプラス逆変換することにより，時間関数 $y(t)$ が以下のように求められる．

$$k\cdot y(t)=\begin{cases} 1-\dfrac{e^{\zeta\omega_n t}}{\sqrt{1-\zeta^2}}\sin(\omega_d t+\phi) & (0\leq\zeta<1) \\ 1-(1+\omega_n t)e^{-\omega_n t} & (\zeta=1) \\ 1-\dfrac{1}{2}\Biggl\{\left(1+\dfrac{\zeta}{\sqrt{\zeta^2-1}}\right)e^{-(\zeta-\sqrt{\zeta^2-1})\omega_n t} & \\ \qquad+\left(1-\dfrac{\zeta}{\sqrt{\zeta^2-1}}\right)e^{-(\zeta+\sqrt{\zeta^2-1})\omega_n t}\Biggr\} & (\zeta>1) \end{cases} \tag{8.17}$$

ここで，$\omega_d \equiv \omega_n\sqrt{1-\zeta^2}$，$\phi \equiv \tan^{-1}(\sqrt{1-\zeta^2}/\zeta)$ である．

図 8.8 にいくつかの ζ の値におけるステップ応答を示す．この図より，ζ の値によって，応答が変わることがわかる．基本的には，ζ の値が大きくなると振動的な応答が減る代わりに，最終値に到達する時間が遅くなる．ζ の値が小さいと，出力値が 1 を超えて振動してしまう．このときの，最終値である 1 を超えた部分は行き過ぎ量（オーバーシュート）とよばれている．これが生じない限界は $\zeta = 1$ であり，臨界制振とよばれる．また，ω_n は固有振動数とよばれ，応答の速さを示す指標である．

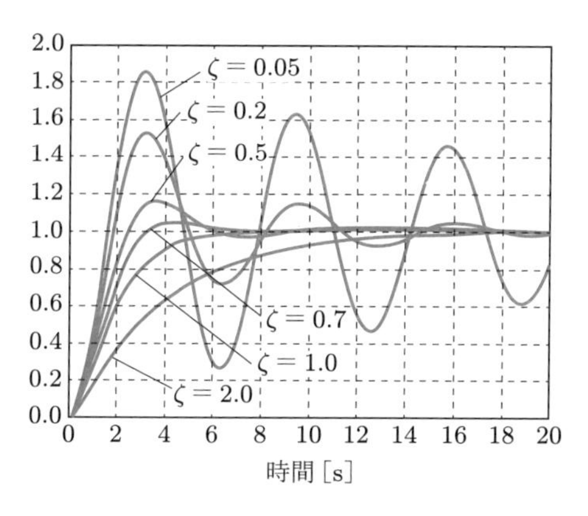

図 8.8　**ステップ応答の例**

最終値の定理（式 (8.6)）を利用すれば，ステップ応答における $y(t)$ の最終的な値は，

$$\lim_{t\to\infty} y(t) = \lim_{s\to 0} s \cdot Y(s) \cdot \frac{1}{s} = \frac{1}{k} \tag{8.18}$$

となり，最終的にはある一定値に収束する．しかし，一般にシステムのステップ応答は一定の値に収束するとは限らず，無限大になったり，振動が持続してしまったりする場合もある（8.7 節参照）．

ステップ入力のほかには，入力が比例的に増えていくランプ入力などがある（図 8.9）．

8.6.2 ● 周波数応答

周波数応答とは，システムに振幅一定の正弦波入力を与えたときの出力波形のことである．入力波の周波数を変更したときの，出力波形の振幅と位相のずれを調べ

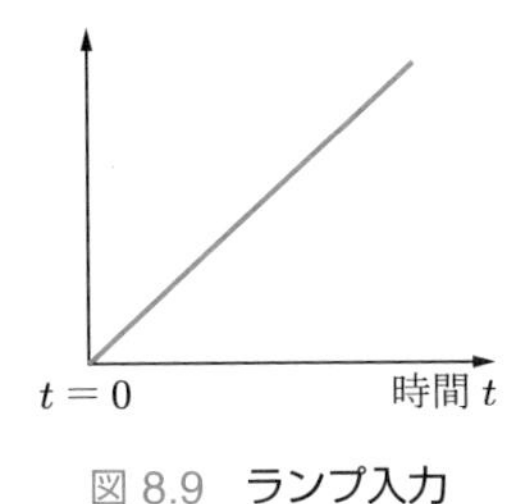

図 8.9 ランプ入力

る．一般に，システムに正弦波入力を与えた場合，その出力は同じ周波数であるが，振幅と位相が異なる波形が出てくる．

式 (8.12) における場合を考えてみよう．この式に $s = j\omega$ を代入する．j は虚数単位，ω は入力する信号の角周波数である．

$$G(j\omega) = \frac{1}{k}\cdot\frac{{\omega_n}^2}{{\omega_n}^2 - \omega^2 + 2j\zeta\omega_n\omega} = \frac{1}{k}\cdot\frac{1}{1-\lambda^2+2j\zeta\lambda} \tag{8.19}$$

ここで，$\lambda = \omega/\omega_n$ である．

式 (8.19) の分母を有理化する．

$$\begin{aligned} G(j\omega) &= \frac{1}{k}\cdot\frac{1-\lambda^2-2j\zeta\lambda}{(1-\lambda^2+2j\zeta\lambda)(1-\lambda^2-2j\zeta\lambda)} \\ &= \frac{1}{k}\cdot\frac{1}{(1-\lambda^2)^2+4\zeta^2\lambda^2}\left\{(1-\lambda^2)-2j\zeta\lambda\right\} \end{aligned} \tag{8.20}$$

ここで，付録 A.2.1 より，

$$a = \frac{1}{k}\cdot\frac{1-\lambda^2}{(1-\lambda^2)^2+4\zeta^2\lambda^2}, \quad b = -\frac{1}{k}\cdot\frac{2\zeta\lambda}{(1-\lambda^2)^2+4\zeta^2\lambda^2} \tag{8.21}$$

とすれば，式 (8.19) の絶対値と偏角は，次のようになる．

$$|G(j\omega)| = \sqrt{a^2+b^2} = \frac{1}{k}\cdot\frac{1}{\sqrt{(1-\lambda^2)^2+4\zeta^2\lambda^2}} \tag{8.22}$$

$$\varphi = \tan^{-1}\frac{b}{a} = -\tan^{-1}\frac{2\zeta\lambda}{1-\lambda^2} \tag{8.23}$$

入力と出力の位相をそれぞれ θ_1，θ_2 とすれば，付録 A.2.3 より，

$$G(j\omega) = \frac{|Y|e^{j\theta_2}}{|F|e^{j\theta_1}} = \frac{|Y|}{|F|}e^{j(\theta_2-\theta_1)} = |G(j\omega)|e^{j\varphi} \tag{8.24}$$

である．すなわち，図 8.10 に示すように，式 (8.22) は振幅比すなわち出力の振幅/

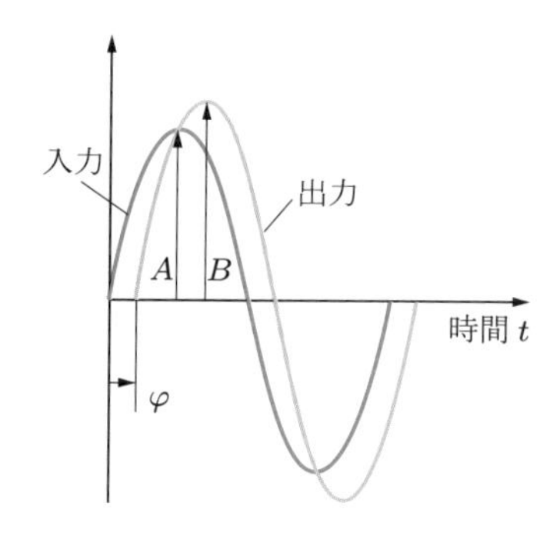

図 8.10　**正弦波を与えた場合の入力と出力**

入力の振幅 $= B/A$ を表し，式 (8.23) は入力と出力の位相のずれ φ を表す（なお，$\tan^{-1}$ については付録 A.2.4 を参照）．

また，ゲインは次式で定義され，単位は [dB]（デシベル）である（付録 A.3）．

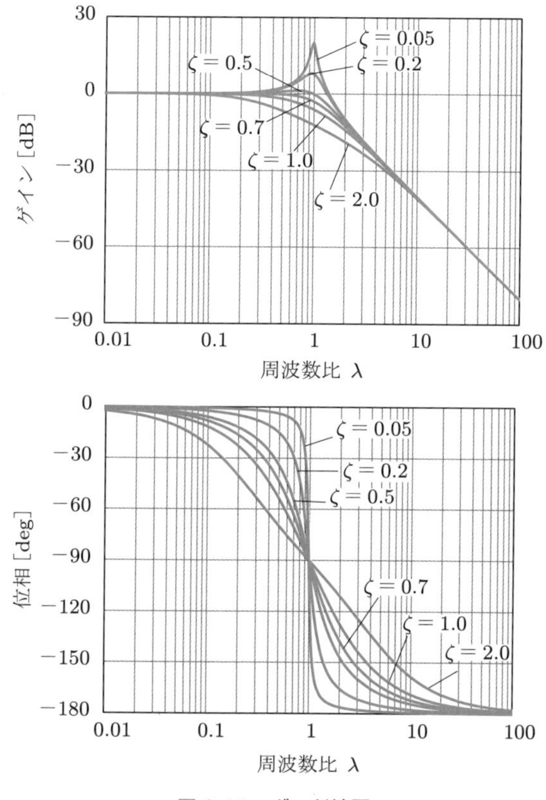

図 8.11　**ボード線図**

$$g = 20\log\left\{\frac{1}{k}\cdot\frac{1}{\sqrt{(1-\lambda^2)^2+4\zeta^2\lambda^2}}\right\} = 20\log\frac{B}{A} \tag{8.25}$$

横軸に周波数比 λ，縦軸にゲイン g，および位相のずれ φ をとり，グラフ化したものを**ボード** (Bode) **線図**とよび，システムの周波数応答を調べるときによく使われる．

図 8.11 にボード線図の例を示す．この例では，$k = 1$ としている．この図に示すように，ζ の値によって応答が変化することがわかる．とくに ζ が小さいと，$\lambda = 1$ の近辺で出力信号の振幅が大きくなる現象が見られる．これは共振とよばれる現象である．そして，入力周波数が大きくなると，出力信号の振幅が小さくなることがわかる．また，位相も $\lambda = 1$ の近辺で大きく変化することがわかる．このように，入力に対してゲインと位相を一定に保って出力できる範囲は限られており，それは λ によって規定される．なお，ゲインに極値が存在しない条件は $\zeta >$ 約 0.7 である．

8.7 安定判別

系に**図 1.7** のようなフィードバック制御をほどこすと，出力を目標値に近づけることができるなど，制御性がよくなるのと引き替えに，安定性が悪くなることがある．ここでいう「安定」とは，システムの出力が振動的になったり，非常に大きな値に発散したりしないことである．システムが安定かどうかを判別するためには，伝達関数を利用する．

通常，システムの伝達関数 $G(s)$ は次のように表すことができる．

$$G(s) = \frac{b_0 s^m + b_1 s^{m-1} + \cdots + b_{m-1}s + b_m}{a_0 s^n + a_1 s^{n-1} + \cdots + a_{n-1}s + a_n} \tag{8.26}$$

a と b の添え字の付け方は式 (8.9) と逆である．ここで，(分母) $= 0$ とおいたときの方程式（特性方程式）の解がすべて複素平面上で左半分にあること，すなわち解を $a + jb$ とした場合，$a < 0$ であることが，漸近安定である必要十分条件である．

システムの安定性を判別する方法として，ラウス－フルビッツの方法と，ナイキストの方法がある．

(1) ラウス - フルビッツの安定判別法

式 (8.26) の特性方程式，すなわち，

$$a_0 s^n + a_1 s^{n-1} + \cdots + a_{n-2} s^2 + a_{n-1} s + a_n = 0 \tag{8.27}$$

における s の係数 $a_0, a_1, \ldots, a_n$ を基に安定判別を行う方法である．ラウスの方法ではラウスの表，フルビッツの方法では行列式を使う点が異なるが，両者は数学的には同じであることが知られている．このうちラウスの方法は次のようなものである．

以下の二つの条件を満たせば，制御系は安定である．

①係数 a_0，a_1，…，a_{n-1}，a_n がすべて存在し（0 ではないということ），同符号であること．

②表 8.2 のラウス表を作成したとき，表の最左端の係数（a_0，a_1，b_1，c_1，…，w_1）がすべて正となること．

表 8.2　**ラウス表**

第 1 行	a_0，a_2，a_4，$\cdots$
第 2 行	a_1，a_3，a_5，$\cdots$
第 3 行	b_1，b_2，b_3，$\cdots$
第 4 行	c_1，c_2，c_3，$\cdots$
⋮	⋮
第 n 行	w_1，w_2，w_3，$\cdots$

ここで，$p\ (\geq 3)$ 行以降の計算は以下のように行う．

第 $p-2$ 行：x_1，x_2，x_3，…

第 $p-1$ 行：y_1，y_2，y_3，…

第 p 行：z_1，z_2，z_3，…

とすると，

$$z_i = -\frac{1}{y_1}\begin{vmatrix} x_1 & x_{i+1} \\ y_1 & y_{i+1} \end{vmatrix} \tag{8.28}$$

である．たとえば，**表 8.2** の b_1 を求めたければ，

$$b_1 = -\frac{1}{a_1}\begin{vmatrix} a_0 & a_2 \\ a_1 & a_3 \end{vmatrix} \tag{8.29}$$

となる．なお，**表 8.2** のうちで値が存在しない場合は 0 として計算する．

(2) ナイキストの安定判別法

図 8.12 に示す**一巡伝達関数** $G_1(s)$ を対象として，$G_1(j\omega)$ の ω を変化させたときの軌跡を調べることで安定性を判別する方法である．

この方法では，一巡伝達関数 $G(s)$ に $s = j\omega$ を代入し，角周波数 ω を $-\infty$ から ∞ まで変化させたときの軌跡を複素平面上に描く．この軌跡を**ナイキスト線図**とよぶ．この軌跡が点 $(-1, j0)$ の周りを反時計方向に回る回数を調べて安定判別を行う．

図 8.13 で，描く軌跡が実軸と交わる点を $(1/a, j0)$，半径 1 の円と交わった点と実軸がなす角度を ϕ とする．このとき，$20\log_{10}|a|$ [dB] を**ゲイン余裕**，ϕ [deg] を**位相余裕**とよぶ．ゲイン余裕と位相余裕の値から，安定度がわかる．これらの数字を基に，システムの設計を行う．

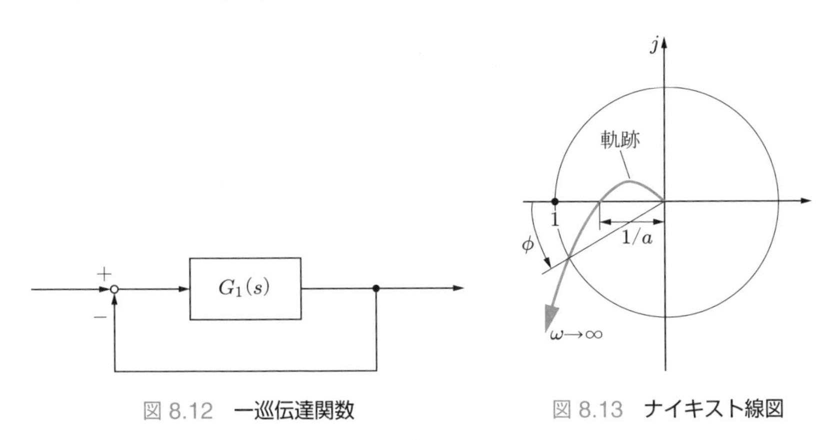

図 8.12 **一巡伝達関数**　　図 8.13 **ナイキスト線図**

8.8 フィードバック制御系

これまで，制御系をどのように評価し，どのように設計するかという原理を説明してきた．では，実際のフィードバック制御系はどのようになっているのだろうか．たとえば，DC モータの回転軸をある一定の角度で止めたい場合を考えよう．

DC モータは，電圧で回転角速度，電流でトルクを制御できることは 2.2.2 項で述べたが，電圧と回転角速度を 0 としても，希望の位置で止められるわけではなく，外から外乱が加われば回転角がずれてしまう．そこで，ポテンショメータやロータリーエンコーダ等の角度センサを用いて現在の角度を計測し，それと目標角度を比較し，差があるときに出力するような系とする．これを，（ネガティブ）フィードバック系とよび，メカトロニクスシステムにおいてはよく用いられる方法である．

フィードバック制御系は，一般に図 8.14 のようになっている．目標値が与えられると，センサによって計測された現在値との差（偏差）が計算される．この偏差に適切な処理を加え，制御対象に駆動信号を送る．そしてそれが新たな出力としてセンサによって計測される．また，制御対象に外乱が加わることもある．このとき，調節器をどのように設計するかが，制御系設計の要点となる．

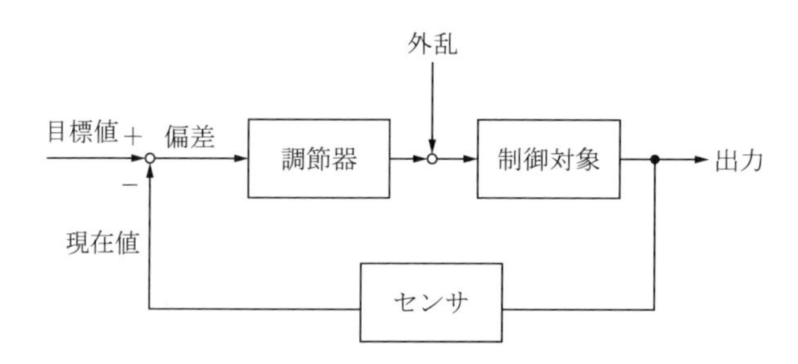

図 8.14　**フィードバック制御系の概要**

調節器の機能としては，以下の三つが基本的なものである．

- **P** (proportinal) **制御**：偏差に対してある定数を掛ける．すなわち，偏差に比例した信号を制御対象に加える．
- **PI** (proportional-integral) **制御**：P 制御に積分動作を加えたもの．P 制御のみだと外乱に対して定常偏差を生じるなどの問題が生じることがあるので，それを改善するための制御系である．
- **PID** (proportional-integral-derivative) **制御**：P 制御に積分＋微分動作を加えたもの．積分動作は系の安定度を悪化させることがあるので，微分動作を入れて応答性や安定性を改善する．

P 制御は簡単だが，それのみだと，目標値と出力の最終値の差である**定常偏差**が残ったり，偏差に掛ける比例定数が大きいとき振動したりするなどの問題がある．そこで，積分や微分動作を加えることにより，応答性を改善している．この調節器をいかに設計するかが，制御系設計の要点である．

具体例として，図 8.15 の制御系の応答を見てみよう．この図で，$k_\mathrm{P}, k_\mathrm{I}, k_\mathrm{D}$ はそ

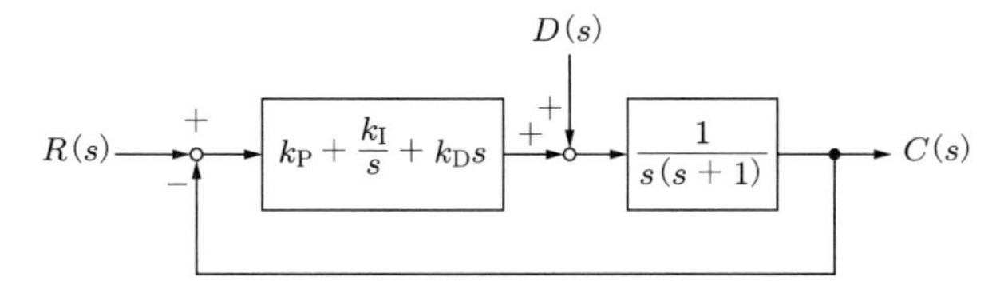

図 8.15　**制御系の例**

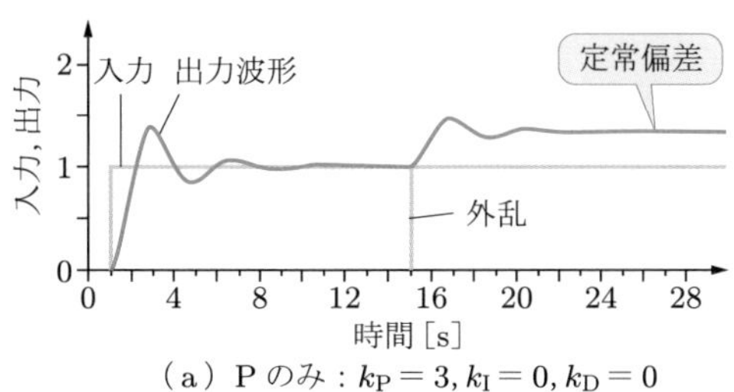

（a）P のみ : $k_{\mathrm{P}} = 3, k_{\mathrm{I}} = 0, k_{\mathrm{D}} = 0$

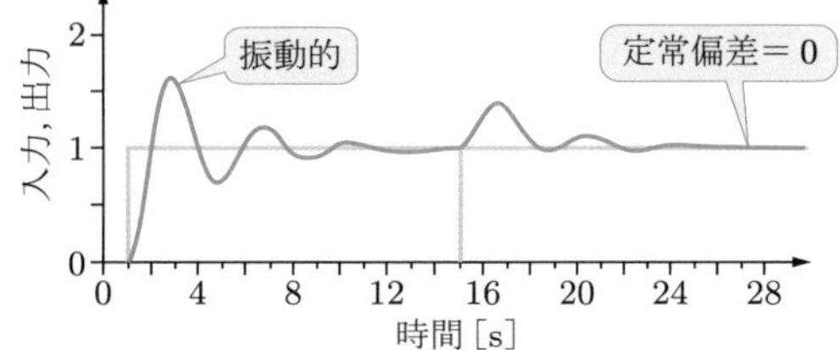

（b）PI : $k_{\mathrm{P}} = 3, k_{\mathrm{I}} = 1, k_{\mathrm{D}} = 0$

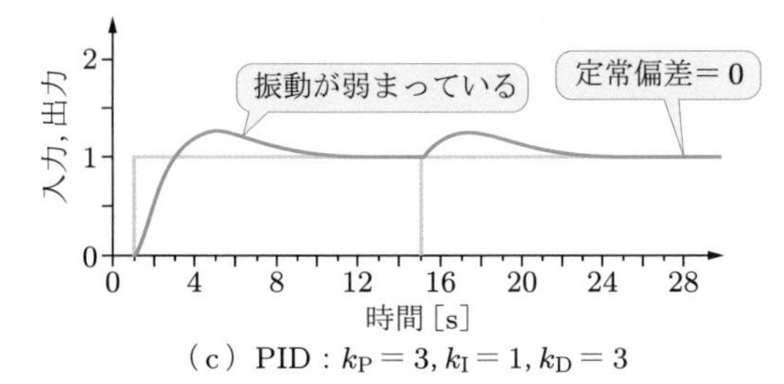

（c）PID : $k_{\mathrm{P}} = 3, k_{\mathrm{I}} = 1, k_{\mathrm{D}} = 3$

図 8.16　**制御系の応答例**

れぞれ，比例ゲイン，積分ゲイン，微分ゲインである．また，$R(s)$ は目標値，$C(s)$ は出力，$D(s)$ は外乱である．図 8.16 に，シミュレーション結果を示す．このシミュレーションでは，1 秒のときに大きさ 1 の入力がステップ関数として入力され，15 秒のときに大きさ 1 の外乱がステップ関数として入力される．P 制御のみだと，目標値には届くが，外乱に対しては定常偏差が残ってしまう．これに対して PI 制御のときだと，外乱に対する定常偏差は 0 だが，出力波形が振動的になってしまうことがわかる．最後の PID 制御だと，その振動も抑えられていることがわかる．ただし，これは一例であり，これらのゲインの値は必ずしも最適ではない．より望ましい制御系を，周波数応答，過渡応答，安定性などを検討して設計する必要がある．

章末問題

8.1　問図 8.1 の LCR 回路において，入力電圧 $V_{\mathrm{i}}(t)$ と出力電圧 $V_{\mathrm{o}}(t)$ の関係を表す伝達関数を求めよ．

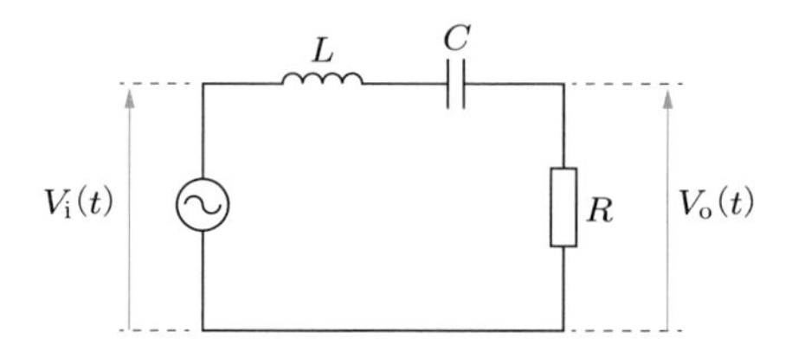

問図 8.1　LCR 回路

8.2　伝達関数からシステムのステップ応答とボード線図を求める方法を説明せよ．

8.3　問図 8.2 のようなフィードバック制御系がある．この系の伝達関数を求めよ．また，この系が安定かどうか調べよ．なお，T, K_p, K_m は定数とする．

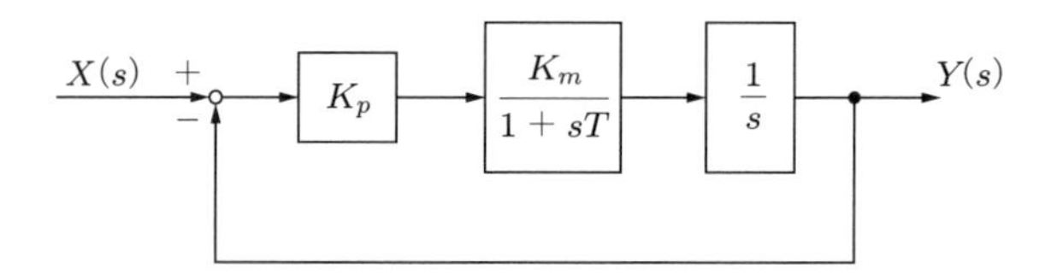

問図 8.2

8.4　伝達関数を実験的に推定したい場合どのようにすればよいか，説明せよ．

第9章 ソフトウエア

本章では，ソフトウエアについて学ぶ．ソフトウエアがなければコンピュータは動かない．そして，ソフトウエアを変更することによって，動作を変更できる．これが，メカトロニクスシステムの柔軟性に貢献している．本章では，とくにPC上で計測や制御のためのソフトウエアを自作する場合，どのような言語があるのか，どのような点に注意すべきかについて述べる．

9.1 メカトロニクスとソフトウエア

メカトロニクス機器を，コンピュータを通して動作させるには，何らかのプログラム言語でコンピュータが行うべき計算や動作を記述する必要がある．この動作に関する記述がプログラムであり，プログラムや，それを実行可能な形式に変換したものを**ソフトウエア**とよぶ．ソフトウエアの変更は，電子機器や機械部品などのハードウエアを入れ替えるよりも簡単であり，メカトロニクス機器の動作を簡単に変更できる．このことが，一つの機器でも複数の動作が可能という，メカトロニクス機器の動作の柔軟性に貢献している．

ソフトウエアに要求されるものは，確実にそして正確に実行できる動作の記述である．これは人間が設計し記述する必要がある．大規模なソフトウエア開発には多人数がかかわるが，簡単なプログラムであれば個人で作成することは可能である．

コンピュータと外部とのやりとりをつかさどるのが次節で述べるOSであり，これをコンピュータやソフトウエアを専門としない個人が開発することは困難である．OSの機能を利用して，機器制御のためのプログラムを作成することになる．その言語には，人間が理解できる形式のものが多数あり，C言語が代表的である．

9.2 OSとリアルタイム性

PCを動かすためには，**OS** (operating system) が欠かせない．日本語で基本ソフトともよばれるOSは，コンピュータ内のデータや命令のやりとりを監視する役割を担うとともに，さまざまなハードウエアの違いを吸収し，ユーザが同じインタフェースでPCを操作できるようにしている．図9.1にそのイメージを示す．図のように，ハードウエアの違いをOSが補って埋めることで，ユーザは共通の操作でPCを扱うことができるようになる．

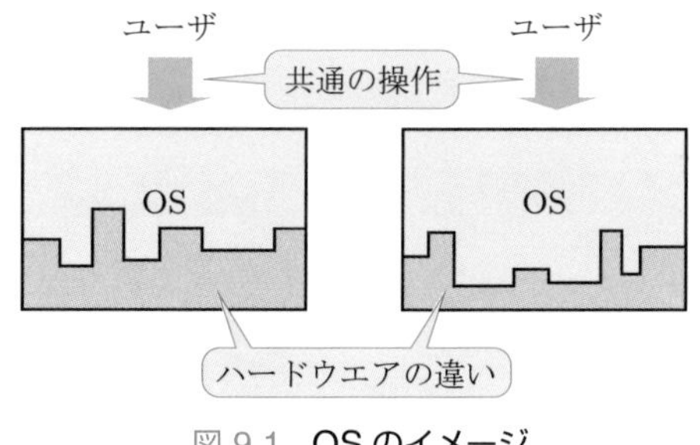

図9.1　**OSのイメージ**

現在一般に入手できるPC用OSの種類としては，Microsoft社の**Windows**，Apple社の**mac OS**，そして**Linux**がある．Linuxについては，そのほとんどがフリー（無料）のOSであり，さまざまな種類（ディストリビューション）が存在している．どれも複数のプログラムを同時に起動できる**マルチタスク** (multitask) が可能である．このマルチタスク性が，制御の際に問題となることがある．

計測や制御では，基本的に同じ時間間隔でA/D変換を行ったり命令を更新したりする必要がある．これを**リアルタイム**（real time，実時間）**性**という．しかし，上述のようなマルチタスクを行うと，どのソフトをどの時間で実行するかをOSが決めてしまう．そうなると，同じ時間間隔での実行が保証できなくなってしまう．たとえば，図9.2(a) に示すように，一定の時間間隔で命令Aを実行したいとする．しかし，図 (b) に示すように，OSがその時刻に別の命令B，C，Dを実行するように計画してしまうかもしれない．そうなると，同じ時間間隔という前提が崩れてしまう．Windowsが広まる前は，MS-DOSというMicrosoft社のシングルタスクのOSが主流だったので，問題はあまり表面化しなかったが，マルチタスクのOSが主流になったいまは，リアルタイム性の確保が問題になる．

その一つの解決策として，Linuxでは，ART-LinuxやRT-Linuxとよばれる，Linuxのもっとも中心的な処理を担うカーネル (kernel) を，リアルタイム処理ができるよう拡張するソフトウエアが開発されたが，両者とも現在ではすでにメインテナンスされていない．このほかにRTAI (RealTime Application Interface)† とい

† https://www.rtai.org/

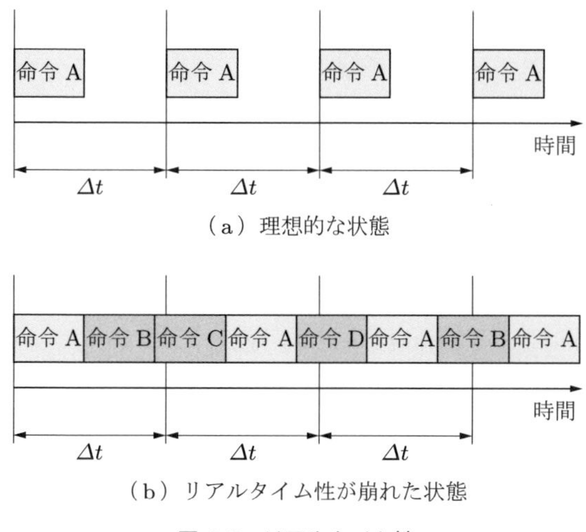

図 9.2 **リアルタイム性**

うフリーのソフトウエアも開発されており，現在は 2021 年に公開された version 5.3 が最新である．RTAI のインストールには専門的な知識が要求されるため，こうした特別なソフトウエアを使わずにリアルタイム処理する方法も公開されている†．

9.3 プログラム言語

計測や制御用のソフトウエアは，開発する機器によって異なるので，自作する必要が出てくる．このためにはプログラミングが必要であるが，人間の言語はコンピュータは理解できないため，コンピュータに理解できるような言語でプログラムを作成する必要がある．

コンピュータが理解できるのは，基本的には 0 と 1 の羅列からなる機械語である．しかし，機械語は一般には解読しにくいし，作成するのも容易ではない．そこで，いくつかのプログラム言語が開発された．その一つがアセンブラとよばれる言語である．より人間が理解しやすいような，アルファベットと数字との組み合わせでできている．

さらに人間が理解しやすい言語として，現在では，C，C++，FORTRAN といった，**高級言語**とよばれる言語が開発されている．「高級」とは，より人間が理解し

† https://www.sidewarehouse.net/

やすい，という意味であり，これに対して機械語は，**低級言語**とよばれる．高級言語はそのままではコンピュータが理解できないので，コンパイラとよばれる，実行可能なアプリケーションに変換するソフトウエアが必要である．

一般に，研究室レベルでのプログラミング言語としては，CやC++が使われることが多い．大学等のプログラミングの授業でも，C言語を対象としたものが多い．C言語はmain関数のはじめから1行1行実行する形になる．同じような処理は，関数を自分で定義することによってまとめて書ける．作成したプログラムは，コンパイラがコンピュータが理解できる形に翻訳してくれる．表9.1に書式の一例を示す．

表9.1　C言語の例

```
shori1(){
      処理1
}
shori2(){
      処理2
}

main(){
      shori1();      //処理1
      shori2();      //処理2
}
```

コンパイラを用いない方法として，インタプリタがある．これはプログラムを1行ごとに翻訳し実行していく形式であるため，実行速度に劣り，メカトロニクス機器の制御に用いられることは少ない．なお，近年，7.1.1項で紹介したラズベリーパイなどにおいて利用される，**Python**（パイソン）というインタプリタ言語の利用が増加している．センサ情報を読み込んだり，ラジコンサーボを駆動するメカトロニクス機器を駆動したりすることも可能である．また，Pythonには機械学習のライブラリが豊富で，AI研究でよく使われている．

9.4　ドライバソフト

第7章で述べたさまざまなボードを利用するためには，それらを動かすための**ドライバソフト**が必要となってくる．Windowsが広まる前，MS-DOSの時代には，ボードに割り当てられたアドレスに直接命令を出したり，データを読み取ったりすることができた．しかし，近年の Windows では，一般のユーザは，図 9.3 のように，Windows を通してしかボードへ命令を出せなくなっている．このため，ボードの製造メーカは，そのボードを動かすためのドライバソフトをインターネット等を通して頒布している．ユーザは，このドライバソフトをインストールして，コンパイラに読み込ませて実行ファイルを作成する必要がある．なお，Linux では，各種ボードに直接アクセスすることが可能である．

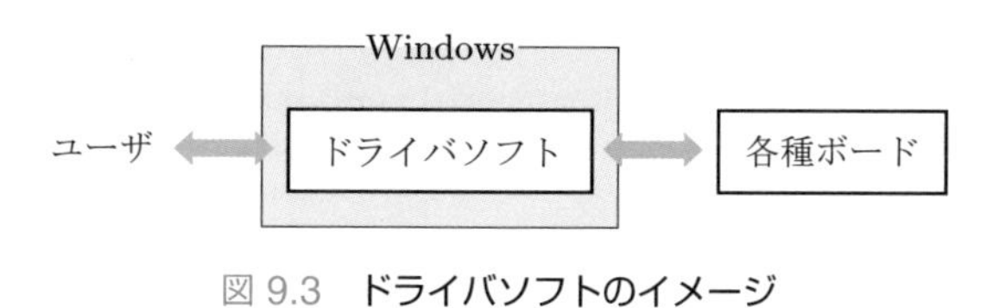

図 9.3　**ドライバソフトのイメージ**

9.5　フローチャート

プログラムは，**フローチャート** (flow chart) でその概要を描くと，理解がしやすい．図 9.4 にその例を示す．ここでは，目標値を入力した後，アナログセンサで現在値を取り込み，それに応じた制御量を計算し，その結果から D/A 変換器を通じてアクチュエータに指令値を出力するプログラムのフローチャートを示している．そして，ある一定時間経過した後にプログラムを終了する．ここで，各記号は，プ

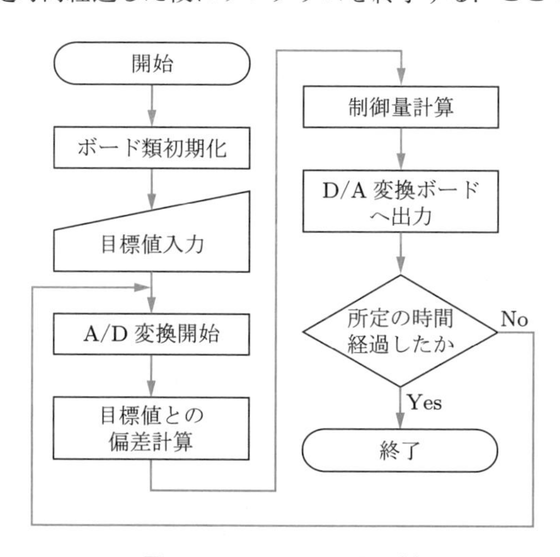

図 9.4　**フローチャートの例**

ログラムの開始，終了，入力，処理，判断などを示しており，矢印は処理の流れを示している．このように，処理の流れをフローチャート化することにより，ある程度プログラムの可読性を高めることができる．

9.6 プログラムの具体例

以下に，C言語で作成したプログラムの例を示す．これは，Windows上で㈱インタフェースのA/D変換ボードを使ってA/D変換を行うものである．この中で，たとえば`AdStartSampling()`，`AdGetSamplingData()`等の関数は，もともとC言語には用意されていない関数である．インタフェース社が提供しているこの関数を使うためには，ドライバソフトをインストールし，コンパイラでそれらを参照するよう設定しないと使用できない．また，それらの関数の定義は`FibAd.h`というヘッダーファイルに入っている．このヘッダーファイルも，インタフェース社から提供されるものである．このプログラムのフローチャートを描けば，図9.5のようになる．

```
// ------------------------------------------------------------------
//   A/D変換プログラム（㈱インタフェース製A/D変換ボード使用）
// ------------------------------------------------------------------
#include <windows.h>
#include <conio.h>
#include <stdio.h>
#include "FbiAd.h"//  インタフェース社が頒布しているヘッダーファイル

#define   DNUM   600//  サンプリング個数
#define   FREQ   200.0//  サンプリング周波数 [Hz]
int main(void){
    HANDLE     hDeviceHandle;     //  デバイスハンドル格納用変数
    ADSMPLREQ     AdSmplConfig; //  サンプリング条件設定用構造体変数
    WORD     wSmplData[DNUM+1]; //  サンプリングデータ保存用変数
    ULONG   i;
    int     nRet;
    FILE     *fp; //  データ保存ファイルのファイルポインタ
    char     name[12]; //  データ保存ファイルのファイル名保存用変数

    //  保存ファイル名の設定
    printf("Input File Name:");
```

```
    scanf("%s",&name);
    if(NULL==(fp=fopen(name, "wt"))){
        printf("Cannot open file\n");
        exit(1);
    }

    // デバイスオープン
    hDeviceHandle = AdOpen( "FBIAD1" );

    // デフォルトのサンプリング条件取得
    nRet = AdGetSamplingConfig( hDeviceHandle, &AdSmplConfig );

    // サンプリング条件設定
    AdSmplConfig.ulChCount = 1;                 // 使用するチャンネル数
    AdSmplConfig.SmplChReq[0].ulChNo = 1;    // CH1 を第 1 チャンネルとして設定
    AdSmplConfig.SmplChReq[0].ulRange = AD_10V; //  CH1 の電圧範囲: ± 10 V
    AdSmplConfig.fSmplFreq = FREQ;       // サンプリング周波数
    AdSmplConfig.ulSmplNum = DNUM+1;     // 1 チャンネルあたりの取得データ個数
    AdSmplConfig.ulSingleDiff= AD_INPUT_SINGLE;  // 入力方式 シングルエンドを指定

    // 設定したサンプリング条件を確定
    nRet = AdSetSamplingConfig( hDeviceHandle, &AdSmplConfig );

    // サンプリングスタート
    nRet = AdStartSampling( hDeviceHandle, FLAG_SYNC );

    // サンプリング結果を読み出して wSmpleData に格納
    nRet = AdGetSamplingData( hDeviceHandle, wSmplData, &AdSmplConfig.ulSmplNum);

    // ファイルにデータを保存
    for (i = 0; i < AdSmplConfig.ulSmplNum; i++){
        fprintf(fp,"%lf \t %lf \n",i/FREQ,(wSmplData[i]*20.0/4096.0)-10.0);
                        // 第 1 項は時間表示，第 2 項はデータ
    }

    // デバイスとファイルを閉じる
    AdClose( hDeviceHandle );
    fclose(fp);
    return 0;
}
```

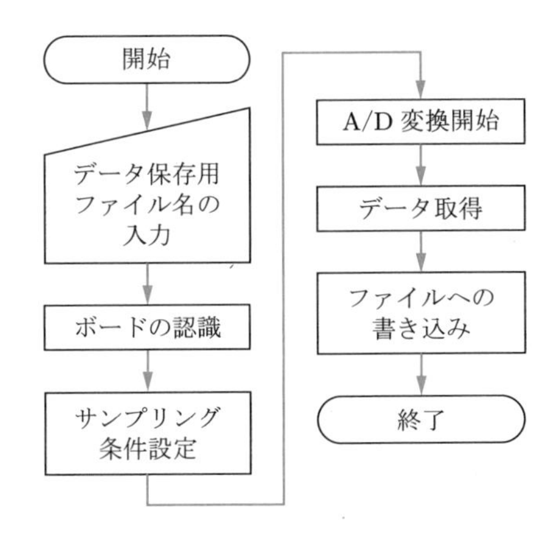

図 9.5　A/D 変換プログラムのフローチャート

章末問題

9.1　コンピュータを使って PID 制御系を組む場合，指令値をどのように計算すべきか説明せよ．

9.2　PC で D/A 変換ボードからアナログ電圧を出力するプログラムはどのような手順であるべきか，考察せよ．

9.3　フローチャートにはいくつか記号がある．それらを調べよ．

9.4　問題 9.1 で計算した値を基に D/A 変換器からアナログ信号を出力し，一定時間が経過するまで繰り返すプログラムのフローチャートを描け．

第10章 メカトロニクスシステムの具体例

前章まで，メカトロニクス機器を構成する要素について述べてきた．メカトロニクスを習得するためには，それらの要素をどのように組み合わせればよいかを学ぶ必要がある．本章では，アナログサーボ系，ディジタルサーボ系，ひずみ計測システム等の構成例を通して，メカトロニクスシステムをどのように構成するべきかを学ぶ．

10.1 メカトロニクスシステムの構成について

メカトロニクスシステムを構成しようとしたら，何に注意すべきであろうか．もちろん，システムにどのような機能，仕様が求められるのかということを把握する必要がある．そして，それを実現するためのアクチュエータとして何が適切か，機械伝達機構は何がよいか，制御するために必要となるセンサは何が適切か，コントローラとしては何が必要かといったことを考える必要がある．そして，これは一つずつ順々に決められるものではなく，ある要素を変更すると，ほかの要素も変更しなくてはならない場合が多い．たとえば，アクチュエータを変えれば当然コントローラが変わってくる．ステッピングモータをDCモータに変更すれば，位置や速度センサが必要になるだろう．このように，メカトロニクスシステムの構成は，逐次的に決まるものではなく，全体として設計する必要がある．

以下に，アナログサーボ系，ディジタルサーボ系，オープンループ系，センサによる計測の四つの例を通して，メカトロニクスシステムの構成方法について述べる．

10.2 アナログサーボ系

アナログサーボ系とは，コンピュータを用いずにアナログ信号のみでモータの回転角度や回転数を制御する系である．

図10.1に，システムの例を示す．このシステムはDCモータの角度制御を目的としている．モータは，ポテンショメータとギヤやベルトなどで機構的に接続され

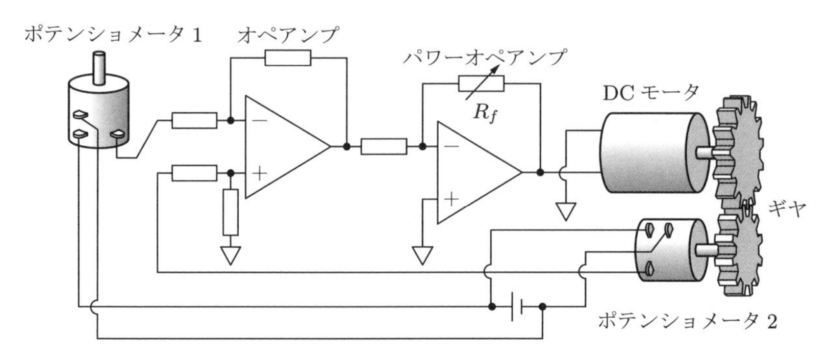

図 10.1　アナログ位置サーボ系

ており，DCモータが回転すれば，ポテンショメータ2も回転し，現在角度はポテンショメータ2の電圧として出力される．その現在角度と目標値を示すポテンショメータ1からの電圧値との差を，オペアンプの差動増幅回路で算出する．そして，その結果を，電力増幅できるパワーオペアンプを通してモータに供給する．この結果，モータは目標値を示すポテンショメータの角度で止まる．

このとき，システムの制御系は比例制御であり，抵抗値 R_f の値によって応答が異なる．R_f はいわゆる「ゲイン」を定める抵抗であり，この抵抗値が大きいと増幅度が大きく応答速度は速いが，システムが振動的な挙動を示す．また，逆に R_f の値が小さいと，振動的な挙動はなくなるが，応答速度は遅くなる．この系のオペアンプは差動増幅回路として用いられているが，ここに，コンデンサなどを用いて微分回路，積分回路等を加えれば，PID制御系を構成でき，もう少し安定的な挙動を実現できる．

R_f の抵抗値や電圧値は，シミュレーションによりある程度決定できるが，摩擦などの要因は完全には排除できないため，最終的には実験により定める必要がある．

アナログ速度制御系を構築する場合，図 10.2 に示すように，タコジェネレータなど，回転数と比例した電圧を出力する速度センサを用いる必要がある．センサとしてはロータリーエンコーダを使ってもよい．ロータリーエンコーダが出力するパルスの周波数が速度に比例するからである．F/Vコンバータとよばれる回路を用いれば，速度に比例した電圧値が得られる．F/Vコンバータは，ICの形でも，製品の形でも入手できるので，目的や予算に応じて使い分けられる．

なお，**図 10.1**，**10.2** ともに，パワーオペアンプはトランジスタやHブリッジ回路，もしくはサーボアンプでもよい．

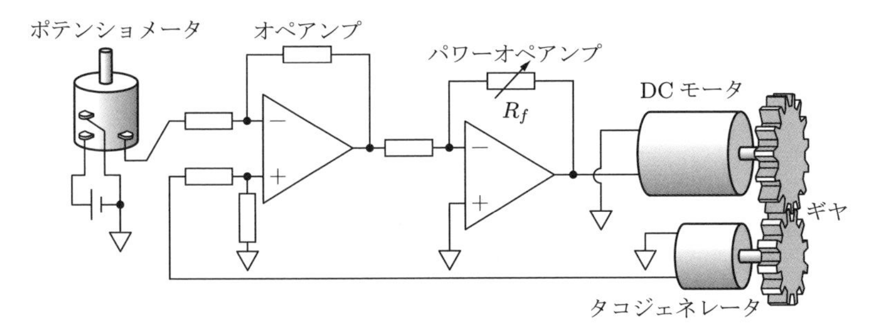

図 10.2　アナログ速度サーボ系

10.3　ディジタルサーボ系

ディジタルサーボ系とは，アナログ制御系にコンピュータ等のディジタル機器を用いたものである．その例を，図 10.3，10.4 に示す．

図 10.3 は，**図 10.1** のオペアンプをコンピュータに変更したものである．このコンピュータ内では，ポテンショメータ 1 とポテンショメータ 2 の出力電圧の差を計

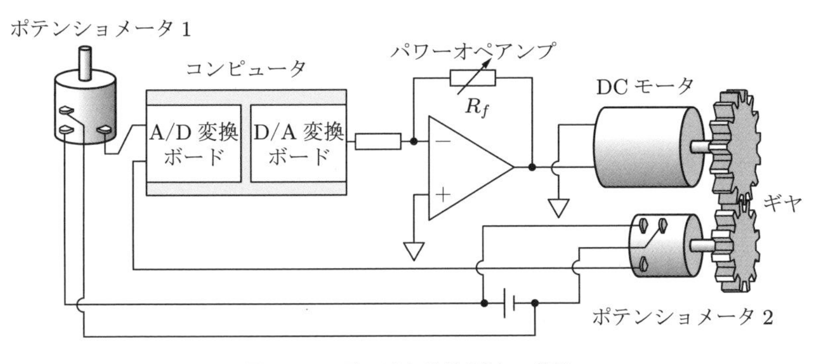

図 10.3　ディジタル位置サーボ系

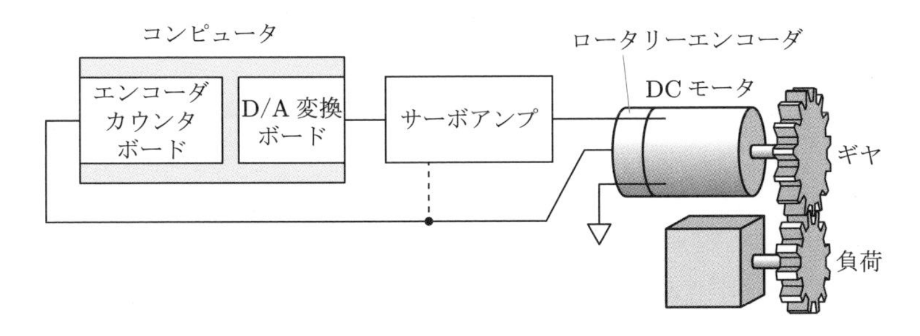

図 10.4　ディジタル位置・速度サーボ系

算する．コンピュータ内には，アナログ電圧をディジタルに変換するための A/D 変換ボードと，アナログ電圧を出力するための D/A 変換ボードが必要である．ソフトウエアは，ポテンショメータの電圧を A/D 変換し，その差に応じた出力電圧を D/A 変換ボードから出力する．その計算の際，電圧の差に比例する電圧を出力すれば P 制御となる．また，R_f を変えなくても，ソフトウエア上で出力電圧の倍率を変化させることも可能である．

図 10.4 は，パワーオペアンプをサーボアンプに，位置検出のセンサを，ポテンショメータからロータリーエンコーダに変更したものである．ロボットなどの関節は，通常このようなシステムを使うことが多い．この図には，目標値を与えるようなセンサはないが，それはソフトウエアに記述するか，キーボード等から入力する．そして，D/A 変換ボードでアナログ電圧に変換し，サーボアンプがその指令位置に従って，モータを駆動するための電力をモータに供給する．そして，ロータリーエンコーダおよびエンコーダカウンタボードを通じて現在角度を算出して，目標角度との差をソフトウエアで計算する．このシステムは，**図 10.3** に比べ，目標値の設定がソフトウエアでできることが特徴である．これにより，さまざまな目標値を設定することができ，人間の手による入力では難しい，正弦波状に目標値が変化するような設定も可能である．また，目標値との差に対する電圧の増幅度もソフトウエア的に変更でき，回路自体は変更せずともよい．

図 10.4 は速度サーボ系としても動作する．これはロータリーエンコーダが出力するパルスの周波数をソフトウエア的に算出できるからである．F/V コンバータを通した電圧を A/D コンバータを通して計測する方法もあるが，制御周期内のパルスの数を制御周期で除算して周波数を得る方法が一般的と考えられる．これは，カウンタボードを変更する必要がないからである．すなわち，エンコーダカウンタボードがあれば，位置，速度サーボの両方に対応できる．ただし，パルスの数を制御周期で割る場合は，若干の差分誤差が生じる可能性がある．

なお，**図 10.4** の破線で示したように，コンピュータを介さずにロータリーエンコーダの信号を直接受け取り速度制御することが可能なサーボアンプもある．**図 7.16** 左側の写真はその一例である．

10.4　オープンループ系

オープンループ系とは，センサから現在値のフィードバックを施さない系であ

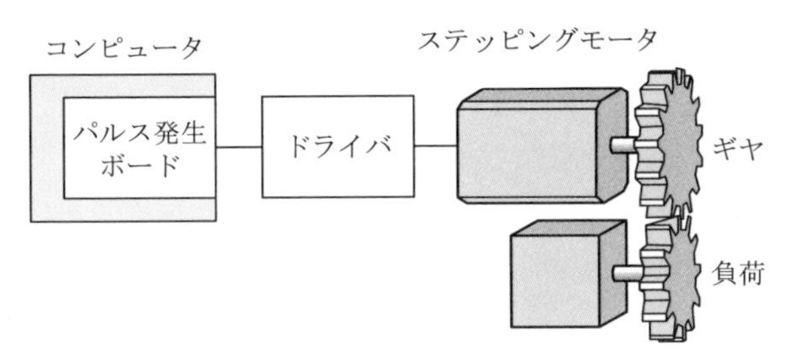

図 10.5 **オープンループ系**

る．たとえば，図 10.5 に示す，ステッピングモータを用いた系が挙げられる．コンピュータ内で回転角度を決定し，それに応じた数のパルスを，パルス発生ボードを通して，希望するスピードでステッピングモータのドライバに送れば，望みの回転が得られる．しかし，あくまでパルスの数だけ回っているというのが前提である．過負荷により，送ったパルスの数だけ回らなかった場合は，そのずれをコンピュータ側で認識することはできない．

また，7.3.4 項で説明したラジコンサーボも，コンピュータはパルスのみを出力するので，オープンループ系とみなすことができる．

図 10.6 にラズベリーパイを使ったラジコンサーボの制御システムを示す．半

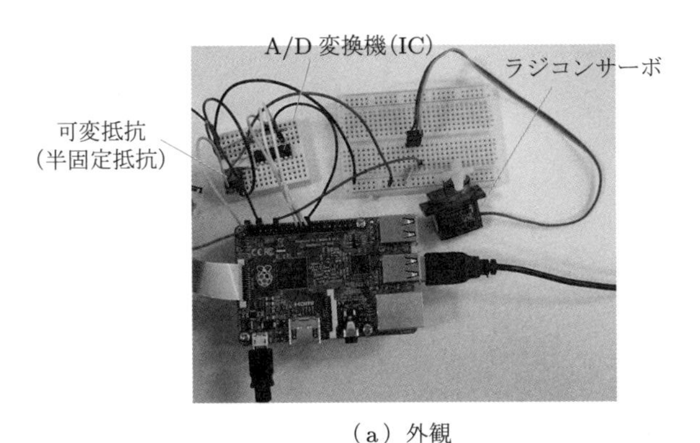

（a）外観

半固定抵抗
V_{CC}
A/D 変換機
ラズベリーパイ
ラジコンサーボ

（b）模式図

図 10.6 **ラズベリーパイを用いたラジコンサーボの制御システム**

固定抵抗で電圧を変更し，その電圧を A/D 変換器でディジタル信号に変換する．A/D 変換した値に応じてパルスのデューティー比（7.3.4 項参照）を変更することで，ラジコンサーボの角度を制御することが可能である．A/D 変換器とラズベリーパイはシリアル通信しており，そのためのソフトウエアはインターネット経由で入手可能である．

10.5　センサによる計測

センサ，とくにアナログセンサの計測の例として，ひずみゲージの計測システムを図 10.7 に示す．ホイートストンブリッジの一つもしくはいくつかがひずみゲージになっている．ブリッジの電圧変化を増幅器（アンプ）により増幅し，A/D 変換ボードを通してデータとして記録する．その際，アンプにローパスフィルタの役割を担わせることができる．より一般的にアナログ計測システムを示すと，図 10.8 のようになる．また，計測後にデータを加工することで，ソフトウエア的にローパスフィルタをかけることもできる．第 5 章で述べたように，周波数解析することも可能である．

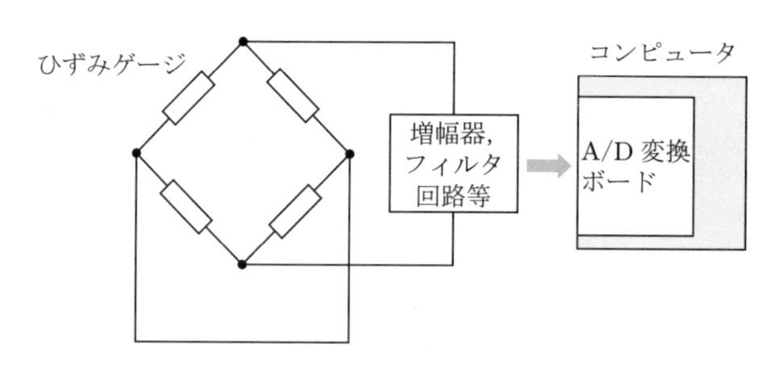

図 10.7　ひずみゲージ計測システム

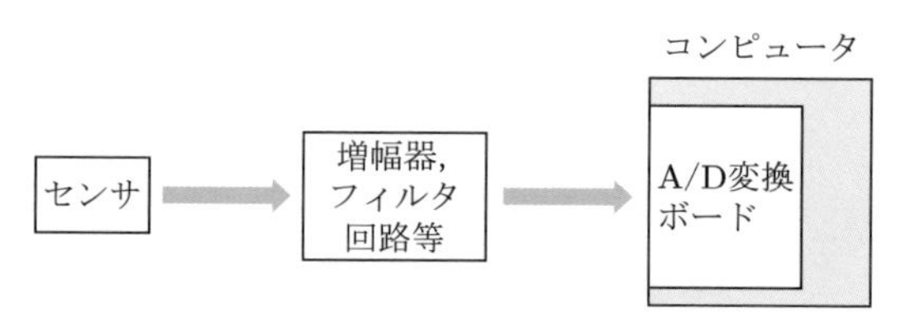

図 10.8　アナログ計測システム

付録

A.1 回路の諸法則

A.1.1 ● オームの法則

図 A.1 のように，抵抗値 R の抵抗に流れる電流を I，抵抗の両端の電圧を V とすれば，以下の公式が成立する．これを**オームの法則**とよぶ．

$$V = IR \tag{A.1}$$

ただし，抵抗値 R は，温度上昇に伴って大きくなる傾向があるので，厳密には定数ではない．

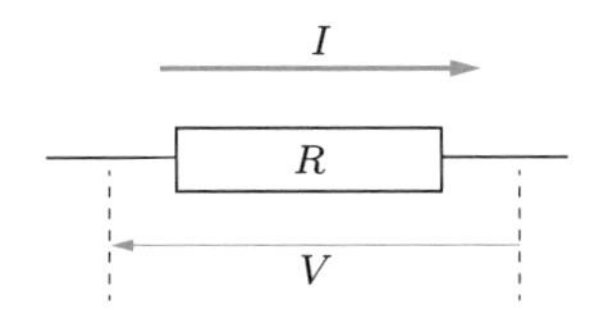

図 A.1 抵抗にかかる電圧と流れる電流

A.1.2 ● キルヒホッフの電圧則

ある閉回路を考える．その閉回路において，すべての電圧降下の総和は，起電力の総和に等しい．これを**キルヒホッフの電圧則** (Kirchhoff's voltage law: KVL) とよぶ．たとえば，図 A.2 の閉回路 1 において，起電力は V_1，電圧降下は I_1R_1，$-I_2R_2$ である．ここで，抵抗 R_2 での電圧降下は，電流の向きを考えてマイナスを付けてある．これから，閉回路 1 について次式が成立する．

$$V_1 = I_1R_1 - I_2R_2 \tag{A.2}$$

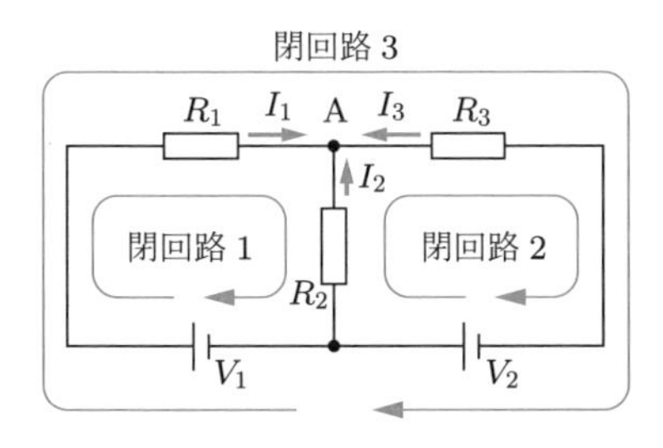

図 A.2 キルヒホッフの電圧則

同様に，閉回路 2，閉回路 3 についても以下の式が成立する．

$$V_2 = I_2R_2 - I_3R_3 \tag{A.3}$$

$$V_1 + V_2 = I_1R_1 - I_3R_3 \tag{A.4}$$

なお，電流の方向の設定によって，電圧降下の正負は変わってくる．

A.1.3 ● キルヒホッフの電流則

回路のある 1 点に注目したとき，そこに流れ込む電流の総和は，流れ出す電流の総和に等しい．これを**キルヒホッフの電流則** (Kirchhoff's current law: KCL) とよぶ．図 A.3 において，点 P には n 個の線が接続されているとする．そして，各線から点 P に電流が流れているとする．このとき，点 P に流れ込む方向を正ととれば，

$$\sum_{i=1}^{n} I_i = 0 \tag{A.5}$$

が成立する．たとえば，**図 A.2** の点 A では，次式が成立する．

$$I_1 + I_2 + I_3 = 0 \tag{A.6}$$

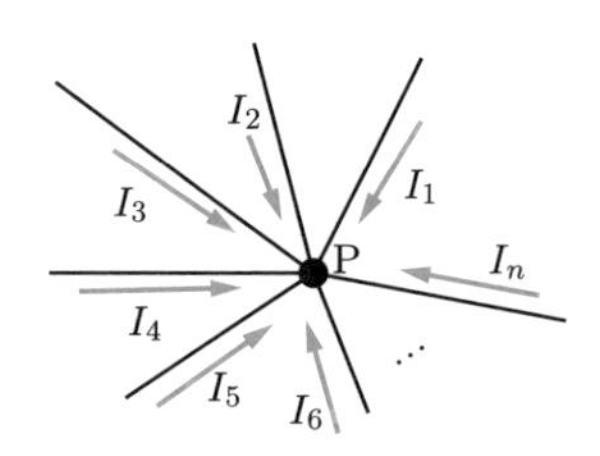

図 A.3　キルヒホッフの電流則

A.2　複素数

A.2.1 ● 複素数と複素平面

複素数は

$$\dot{Z} = a + jb \tag{A.7}$$

の形で表される数である．ここで，j は虚数単位で，$j^2 = -1$ である．この複素数を複素平面で表すと，図 A.4 のようになる．複素平面は，横軸が実数軸，縦軸が虚数軸である．実数軸上で a，虚数軸上で b の点が，虚数が表している点である．原点からこの点までの距離を**複素数の絶対値**とよび，$|\dot{Z}|$ で表す．また，実数軸と，原点と複素数の点を結んだ直線とがなす角 θ を**位相**とよび，$\angle\dot{Z}$ で表す．図から以下の式が成立する．

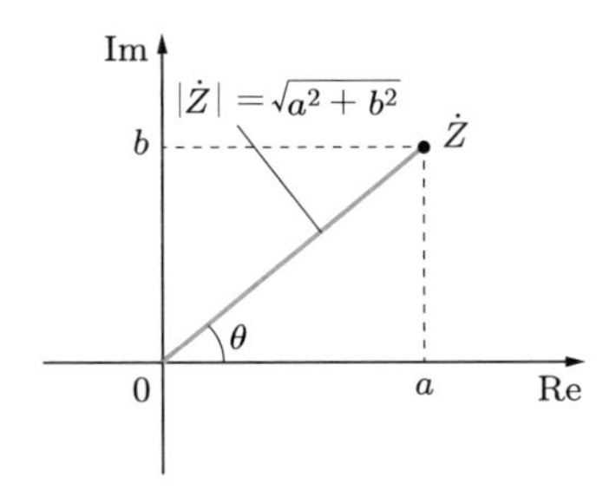

図 A.4 複素平面

$$|\dot{Z}| = \sqrt{a^2+b^2}, \quad \angle\dot{Z} = \tan^{-1}\frac{b}{a} \tag{A.8}$$

A.2.2 オイラーの公式と複素数

複素数の重要な公式として，次の**オイラーの公式**がある．

$$e^{j\theta} = \cos\theta + j\sin\theta \tag{A.9}$$

ここで，図 A.4 より，

$$a = |\dot{Z}|\cos\theta, \quad b = |\dot{Z}|\sin\theta \tag{A.10}$$

であるから，式 (A.7) は次のようになる．

$$\dot{Z} = |\dot{Z}|(\cos\theta + j\sin\theta) \tag{A.11}$$

したがって，式 (A.9) より，$\dot{Z}$ は次式のようにも表される．

$$\dot{Z} = |\dot{Z}|e^{j\theta} \tag{A.12}$$

ここで，$\theta = \tan^{-1} b/a$ である．式 (A.12) を複素数の極形式表示という．

A.2.3 複素数の四則演算

二つの複素数

$$\dot{Z}_1 = a_1 + jb_1 = |\dot{Z}_1|e^{j\theta_1} \tag{A.13}$$

$$\dot{Z}_2 = a_2 + jb_2 = |\dot{Z}_2|e^{j\theta_2} \tag{A.14}$$

とする．

加算と減算は，次のようになる．

$$\dot{Z}_1 \pm \dot{Z}_2 = (a_1 + jb_1) \pm (a_2 + jb_2) = (a_1 \pm a_2) + j(b_1 \pm b_2) \tag{A.15}$$

乗算と除算は，次のようになる．

$$\dot{Z}_1 \cdot \dot{Z}_2 = |\dot{Z}_1|e^{j\theta_1} \cdot |\dot{Z}_2|e^{j\theta_2} = |\dot{Z}_1||\dot{Z}_2|e^{j(\theta_1+\theta_2)} \tag{A.16}$$

$$\frac{\dot{Z}_2}{\dot{Z}_1} = \frac{|\dot{Z}_2|e^{j\theta_2}}{|\dot{Z}_1|e^{j\theta_1}} = \frac{|\dot{Z}_2|}{|\dot{Z}_1|}e^{j(\theta_2-\theta_1)} \tag{A.17}$$

とくに，この乗算と除算については，ボード線図などの周波数応答を求めるときに有用である．

A.2.4 ● $\tan^{-1}$ と atan2 について

式 (A.8) の偏角 $\angle\dot{Z}$ の計算において逆正接関数 $\tan^{-1}$ を用いたが，厳密には，複素数 $\dot{Z} = a + jb$ の実部 a が正の場合しか適用できない．これは，$y = \tan^{-1} x$ の値域が $-\pi/2 < y < \pi/2$ であるためである．すなわち，式 (8.23) は，$1 - \lambda^2 > 0$ の場合しか適用できない．$a < 0$ の場合は，

$$\angle\dot{Z} = \begin{cases} \pi + \tan^{-1}\dfrac{b}{a} & (a < 0,\ b > 0) \\ -\pi + \tan^{-1}\dfrac{b}{a} & (a < 0,\ b < 0) \end{cases} \tag{A.18}$$

とする必要がある．

この場合分けは面倒であるので，atan2 という関数が用いられることがある．atan2 は数学的に定義された関数ではないが，C 言語や各種表計算ソフトにも組み込まれており，ロボットの逆運動学の計算にも用いられる．

たとえば C 言語では，$\mathrm{atan2}(b, a)$ という関数の形で用いられ，a と b の正負も考慮され，$-\pi < \mathrm{atan2}(b, a) \leq \pi$ の範囲で角度が出力される．また，実部が 0 の場合でも，虚部が正ならば $\pi/2$，負ならば $-\pi/2$ が出力される．なお，処理系によっては $\mathrm{atan2}(a, b)$ と，引数が逆になる場合もあるので注意が必要である．

A.3 デシベル

[dB]（デシベル）は，制御工学のボード線図におけるゲインで出てくる単位であり，最初は，電力における伝送減衰を表す量として用いられた．入力電力を P_1，出力電力を P_2 とする．

$$x = \log_{10}\frac{P_2}{P_1} \tag{A.19}$$

において，x の単位が [B]（ベル）である．しかし，ベルは値が小さいため，ベルの 1/10 の単位，すなわち x を 10 倍した値である dB が使われる．すなわち，

$$10\log_{10}\frac{P_2}{P_1}\ [\mathrm{dB}] \tag{A.20}$$

である．体積の単位である [dL]（デシリットル）と [L]（リットル）の関係と同じであ

る．ここで，インピーダンスが同じだと仮定すれば，電力は電圧の 2 乗に比例するから，$P_2/P_1 \propto V_2^2/V_1^2$ となり，次式が成立する．

$$10\log_{10}\frac{P_2}{P_1} = 10\log_{10}\frac{V_2^2}{V_1^2} = 20\log_{10}\frac{V_2}{V_1}\ [\mathrm{dB}] \tag{A.21}$$

これは，式 (8.25) に対応する．

デシベルは，ゲインのほかに，振動や音圧等，幅広い分野で用いられている．

章末問題解答

第1章

1.1 たとえば，洗濯機にはマイコンが搭載され，センサで現在の状態をチェックし，次の動作に移る制御が実現されている．洗濯物の量を自動的に計測し，必要な水の量を判断し，バルブを開けて水を入れ，規定量の水が入った後にモータを動かして洗濯を行う．

1.2 洗濯物を洗濯板でこすって汚れを落としていた．また，水を切るために，ローラーの間を通した時代もあった．

1.3 たとえば，インターネット経由でエアコンを操作したり，TV の録画が可能になったりしている．ロボットの世界では，インターネット経由でロボットを動作させることも可能である．

第2章

2.1 慣性モーメントが小さいということは，加減速に必要なトルクが小さくて済むということである．このため，目標角度が逐次変化し，それに応じて加減速を繰り返すような目的に適している．

2.2 $K_T \propto BLr$ より，コイルの大きさを大きくし，できるだけ磁束密度が大きくなるよう，強い磁力をもつ磁石を使うことが必要になる．

2.3 回転数定数 $= 2750\,\mathrm{rpm/V} = 2750 \times 2\pi/60\,\mathrm{rad/(s{\cdot}V)}$ だから，逆起電力定数は $1/(2750\times 2\pi/60) = 0.0034725\cdots = 3.47\times 10^{-3}\,\mathrm{s{\cdot}V/rad}$ であり，トルク定数 $3.48\,\mathrm{mN{\cdot}m}$ とほぼ同じである．なお，単位については，$\mathrm{A\cdot V = W = J/s = N{\cdot}m/s}$ だから，$\mathrm{s{\cdot}V = N{\cdot}m/A}$ となり，rad は無次元であるので両者は同じ単位であることがわかる．

2.4 式 (2.11) を T で微分すると，

$$\frac{\mathrm{d}\eta}{\mathrm{d}T} = \frac{\mathrm{d}}{\mathrm{d}T}\left\{\left(1+\frac{RT_a}{K_EV}\right) - \frac{R}{K_EV}T - \frac{T_a}{T}\right\} = -\frac{R}{K_EV} + \frac{T_a}{T^2}$$

となる．最大値では $\mathrm{d}\eta/\mathrm{d}T = 0$ でなければならないので，$R/K_EV = T_a/{T_b}^2$ より，$T_b = \sqrt{T_aK_EV/R}$ となる．これを式 (2.11) に代入すれば，

$$\begin{aligned}\eta_{\max} &= \left(1+\frac{RT_a}{K_EV}\right) - \frac{R}{K_EV}\sqrt{\frac{T_aK_EV}{R}} - T_a\sqrt{\frac{R}{T_aK_EV}}\\ &= \left(1+\frac{RT_a}{K_EV}\right) - \sqrt{\frac{RT_a}{K_EV}} - \sqrt{\frac{RT_a}{K_EV}}\\ &= 1 - 2\sqrt{\frac{RT_a}{K_EV}} + \frac{RT_a}{K_EV} = \left(1 - \sqrt{\frac{RT_a}{K_EV}}\right)^2\end{aligned}$$

が得られる．

2.5　$\omega = \omega_r$ となってしまうと，回転磁界とコイルの回転数が同じになり，磁束の変化が生じない．このためコイル内に誘導起電力が生じず回転しない．よって，$\omega = \omega_r$ とはならない．

2.6　インバータとは，直流を交流に変える電気回路の一種である．交流周波数を変化させることができる．より詳しく述べると，解図 2.1 のような回路において（トランジスタについては第 6 章参照）パルス信号により Tr_1 と Tr_3 の ON-OFF を行うと，解図 2.2 のようなパルスがモータに供給される．ON-OFF の周期を変えることによって，パルス状の電圧が正弦波とみなせるようになる．そして，この正弦波の周期を変えることで，回転磁界の回転数を変更できる．

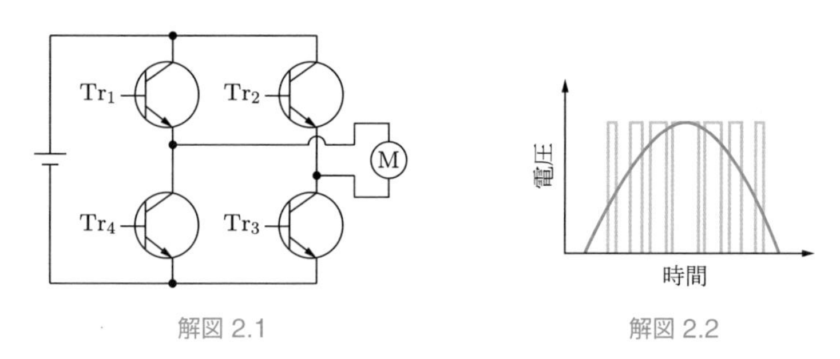

解図 2.1　　解図 2.2

2.7　脱調が起こらないように自起動領域やスルー領域で駆動するため，負荷変動，とくに負荷が急激に大きくならないような用途に向いている．また，脱調がなければ角度や角速度の制御がパルスの数と周波数によって決まるので，センサによるフィードバック制御が必要ない．このため，制御システムを簡単にしたい場合にも向いている．

2.8　2.2.6 項参照．

第3章

3.1　車，ロボット，機械式時計など．

3.2　T_{m} を λ で微分する．

$$\frac{\mathrm{d}T_{\mathrm{m}}}{\mathrm{d}\lambda} = \left(J_{\mathrm{M}} - \frac{J_{\mathrm{L}}}{\lambda^2}\right)\ddot{\theta}_{\mathrm{L}}$$

最小となるには $J_{\mathrm{M}} - J_{\mathrm{L}}/\lambda^2 = 0$ が条件であり，このときのギヤ比は，$r_{\mathrm{o}} = \sqrt{J_{\mathrm{L}}/J_{\mathrm{M}}}$ となる．

3.3　回転速度を小さくしてトルクを大きくできる．負荷の影響をギヤ比の 2 乗分の 1 にできる．エンコーダを使う場合は，その分解能が見かけ上，向上する．

3.4　内歯車と遊星歯車の接点において両歯車間にすべりはないので，内歯車の自転による速度と公転による速度の相対速度 0 になるはずである．内歯車の自転による接点速度の大きさは $(d_{\mathrm{p}}/2)\,\omega_{\mathrm{p}}$，公転による接点速度の大きさは $(d_{\mathrm{s}}/2 + d_{\mathrm{p}})\,\omega_{\mathrm{c}}$ となるので，式 (3.20) が成立する．同様に，太陽歯車と遊星歯車の接点での速度は等しい．太陽歯車の速度は $(d_{\mathrm{s}}/2)\,\omega_{\mathrm{s}}$，遊星歯車の速度は，公転と自転の速度が合わさるので，$(d_{\mathrm{p}}/2)\,\omega_{\mathrm{p}} + (d_{\mathrm{s}}/2)\,\omega_{\mathrm{c}}$

となる．以上から式 (3.21) が成立する．

第4章

4.1　ポテンショメータの利点は，角度と電圧が比例するので，簡単な式で角度に変換できることである．欠点としては，アナログ電圧で出力されるので，ノイズが混入する可能性が高い．また，摺動部分があるので，どうしても摩擦や摩耗の問題がある．

エンコーダの利点は，ディジタル信号で出力されるので，ノイズの影響がほとんどないことである．また，パルス周波数が回転速度に比例するので，ポテンショメータと異なり，微分演算なしでも速度が計測できる．欠点としては，パルス生成とパルスをカウントする回路や機構が必要であり，若干複雑となる点が挙げられる．

4.2　解図 4.1 に示すように，スリットとスリットの間が 0.2° である必要がある．$360/0.2 = 1800$ となり，1800 個必要である．なお，4 逓倍のときは，解図 4.2 のようにＡ相とＢ相のずれが 0.2° であればよく，そのずれはスリットの周期の 1/4 に相当するので，スリット数は 1/4 でよい．

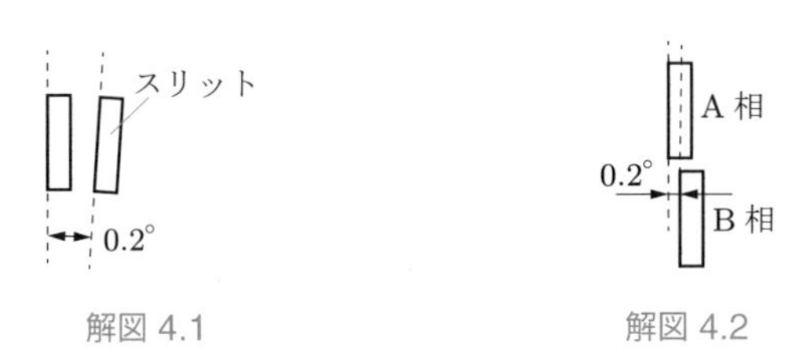

解図 4.1　　解図 4.2

4.3　アブソリュート型ロータリーエンコーダはビット数に応じた数の 2 進数の組み合わせをもつ．たとえば 4 bit なら $2^4 = 16$ 個である．$360/2^n < \alpha$ になるようなビット数分のスリットが必要である．

4.4　物体を載せる場所と同じ場所に，いくつかの質量をもつ物体を載せ，そのときのひずみゲージの出力電圧を計測する．そして，ひずみゲージの出力と質量との関係式を導出し，ひずみゲージの出力電圧から質量を計算できるようにする．

4.5　質量が大きくなると，固有振動数が，$\omega_n = \sqrt{k/m}$ の式よりわかるように，小さくなる．式 (4.13) は，$\omega \ll \omega_n$ という前提があるので，計測できる周波数範囲が小さくなってしまう．この点が不利になる点である．

第5章

5.1　スルーレートとは，どの程度の電圧の急激な変化に追従できるのかを示す値である．単位は V/μs が使われる．**図 5.2** の RN4136 の場合，1.7 V/μs である．これ以上速い立ち上がり速度をもつ信号には追従できない．

5.2　解図 5.1 のように，コンデンサと抵抗に流れる電流を I とし，矢印の方向を正とする．点 A の電位は仮想短絡により 0 V なので，次式が成立する．

$$V_\mathrm{o} = -IR, \quad V_\mathrm{i} = \frac{1}{C}\int I\mathrm{d}t$$

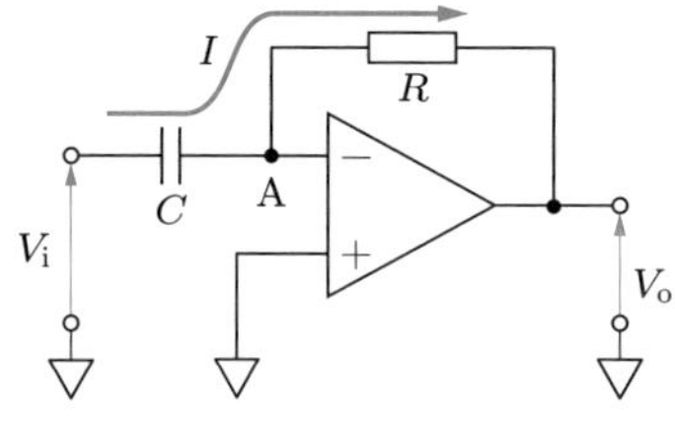

解図 5.1

以上の 2 式より，

$$V_{\mathrm{i}} = -\frac{1}{CR}\int V_{\mathrm{o}}\mathrm{d}t$$

となる．この式を微分すれば，

$$\frac{\mathrm{d}V_{\mathrm{i}}}{\mathrm{d}t} = -\frac{1}{CR_2}V_{\mathrm{o}}$$

となる．この式より，出力電圧 V_{o} は入力電圧 V_{i} の微分に比例することがわかる．このことから，**解図 5.1** の回路は微分回路とよばれる．

5.3　24 bit では，$2^{24} = 16777216$ 種類の 2 進数の数がある．よって，-10 V から $+10$ V を一つ少ない 16777215 の区間で分割することになる．よって，$20/16777215 = 1.2 \times 10^{-6}\,\mathrm{V} \fallingdotseq 1.2\,\mathrm{\mu V}$ である．量子化誤差の最大値は，その半分の，約 0.6 μV となる．

5.4　式 (5.32) より，

$$V_{\mathrm{o}} = -\left(\frac{b_1}{2} + \frac{b_0}{4}\right)\frac{R_f}{R}V_r$$

となる．b_1 と b_0 はそれぞれ上位ビットと下位ビットである．その組み合わせは，$(b_1, b_0) = (0,0), (0,1), (1,0), (1,1)$ である．$(b_1/2 + b_0/4)$ の部分はそれぞれ，0, 1/4, 1/2, 3/4 となる．

第6章

6.1　たとえば，数 kW の大きな定格電力を有するホーロー抵抗器がある．ホーロー抵抗器は，セラミックの芯に抵抗線を巻き，その抵抗線の表面にガラス質の釉薬（ゆうやく）を焼き付け，耐熱性を高めた抵抗器である．釉薬の代わりに不燃性の塗料を塗布した，不燃性塗装型巻き線抵抗器もある．また，数十 W 程度の定格電力を有するメタルクラッド抵抗がある．その構造は，巻線抵抗を放熱フィン付きのケースで覆っており，シリコンで密封している．

6.2　コレクタ電流について次式が成り立つ．

$$I_{\mathrm{C}} = \frac{5 - V_{\mathrm{D}}}{R} - \frac{V_{\mathrm{CE}}}{R}$$

この式で V_{D} は一定と考え，$I_{\mathrm{B}} = 4\,\mathrm{mA}$ としてトランジスタの特性曲線（**図 6.18**(b)）か

ら V_{CE} を求める．そして，$R \times 20\,\mathrm{mA} = 5 - V_{\mathrm{D}} - V_{\mathrm{CE}}$ を満たすように R を決定する．

6.3　解図 6.1，6.2 参照

$\overline{\mathrm{A}\cdot\mathrm{B}} = \overline{\mathrm{A}}+\overline{\mathrm{B}}$

解図 6.1

$\overline{\mathrm{A}+\mathrm{B}} = \overline{\mathrm{A}}\cdot\overline{\mathrm{B}}$

解図 6.2

6.4　たとえば，ソフトウエア的にチャタリングが起こる時間が過ぎてから入力を確定する方法や，コンデンサとシュミットトリガを用いる方法がある．後者は，まずコンデンサでチャタリングの波形をなめらかにする．そして，シュミットトリガ（いったん Low と判定されたら，High と判断される電圧まで上がらないと Low を保つ，ヒステリシスをもつ素子）で電圧を確定する．解図 6.3 にその様子を示す．スイッチが入ると点 A は GND につながり，コンデンサが放電を始め電圧が下がり始める．チャタリングが生じても点 B では急激な電圧上昇はコンデンサで抑えられ，点 B は徐々に電圧が下がる．そして Low と判断される電圧よりも下がったところで Low を出力する．スイッチを付けるときは，この逆のことが起こる．

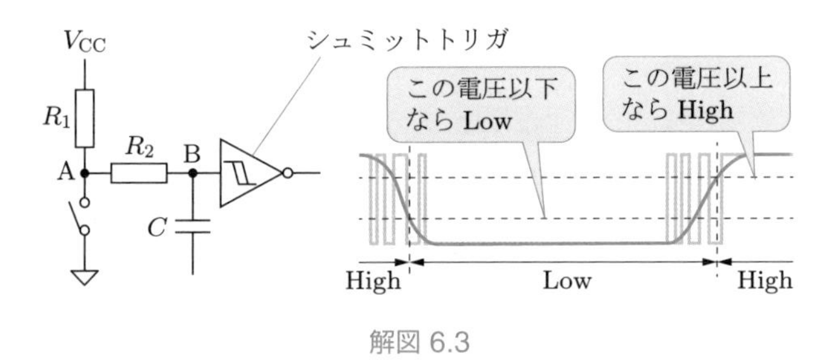

解図 6.3

第7章

7.1　マザーボード，CPU，グラフィックボード，キーボード，HDD，DVD-RAM，メモリ，電源，ディスプレイなど．

7.2　PC とのインタフェース．デスクトップならば PCI バスがあれば PCI でもよいが，ない場合は PCI Express が，ノート PC の場合，USB が第一候補となる．また，PCI バスがあったとしても，何枚のボードを接続できるか注意すべきである．そのほかには，分解能，変換時間，対応する電圧（±10 V や 0〜5 V 等）が挙げられる．

7.3　連続および最大出力電流，最大出力電圧が重要であろう．なぜならば，モータに，想定している電力を供給できるかどうかが，そのモータを駆動できるかどうかの鍵だからである．

第8章

8.1　回路に流れる電流を $I(t)$ とすれば，

$$V_{\mathrm{i}}(t) = RI(t) + \frac{1}{C}\int I(t)\mathrm{d}t + L\frac{\mathrm{d}I(t)}{\mathrm{d}t}$$

および，$I(t) = V_o(t)/R$ から，

$$V_i(s) = V_o(s) + \frac{V_o(s)}{sRC} + \frac{sLV_o(s)}{R}$$

となる．よって，伝達関数は次のようになる．

$$G(s) = \frac{V_o(s)}{V_i(s)} = \frac{sRC}{s^2LC + sRC + 1}$$

8.2　伝達関数を $G(s)$ とすれば，単位ステップ入力の伝達関数は $1/s$ なので，出力のラプラス変換は $G(s)/s$ となる．これをラプラス逆変換すれば，ステップ応答が求められる．

ボード線図を描くためには，ゲインと位相を計算する必要がある．$20 \log_{10}|G(j\omega)|$（ω は角周波数 [rad/s]）を計算すれば，ゲインが求められる．$\angle G(j\omega)$ を求めれば位相のずれが求められる．これらの値を，横軸に角周波数（2 次系の場合は固有振動数 ω_n で割った値（無次元数）でもよい）をとり，縦軸にゲインと位相をとってグラフ化すれば，ボード線図が描ける．

8.3　$\{X(s) - Y(s)\} K_pK_m/\{s(1 + sT)\} = Y(s)$ より，$G(s) = K_pK_m/(s^2T + s + K_pK_m)$ である．以下，$K_pK_m = K$ とする．安定であるためには，$s^2T+s+K = 0$ の解が，複素平面上の左半面にあればよい．$s^2T+s+K = 0$ を解くと，$s = \left(-1 + \sqrt{1 - 4TK}\right)/T$ となる．(1) $1 - 4TK < 0$ の場合，$s = (-1 + j\sqrt{4TK - 1})/T$ となり，実数部が負なので安定．(2) $1 - 4TK = 0$ の場合，$s = -1/T$ であり，実部が負なので安定．(3) $1 - 4TK > 0$ の場合，$s = (-1 + \sqrt{1 - 4TK})/T$ となり，$-1 + \sqrt{1 - 4TK} < 0$ ならば安定だが，T，$K > 0$ より明らかに $1 - 4TK < 1$ であり，$-1 + \sqrt{1 - 4TK} < 0$ であるので，安定である．以上より，この系は，K の値にかかわらず安定である．なお，**問図 8.2** の系は DC モータの角度制御系と考えることができる．詳しくは第 10 章参照．

8.4　たとえばステップ関数やインパルス関数を与えたときの出力を計測する．その出力をある関数として近似し，その関数をラプラス変換すれば伝達関数は推定できる．

第9章

9.1　まず，目標値と現在値の差（偏差）を計算し，偏差の値を定数倍する．これが P である．I は，偏差を次々加算し，定数倍する．最後の D は，前回の偏差と今回の偏差の差を求め，それを定数倍する．これら P，I，D の値を加えてそれを指令値とする．

9.2　まず，PC が D/A 変換ボードを認識する必要がある．認識するための関数は，ボード製造メーカから提供されているものを利用する場合が多い．認識されたボードのあるチャンネルに対して電圧を出力する命令を出す．この命令は関数にもよるが，10 進数で与える場合と，2 進数や 16 進数で与える場合がある．

9.3　たとえば解図 9.1 のようなものがある．

9.4　たとえば解図 9.2 のようになる．

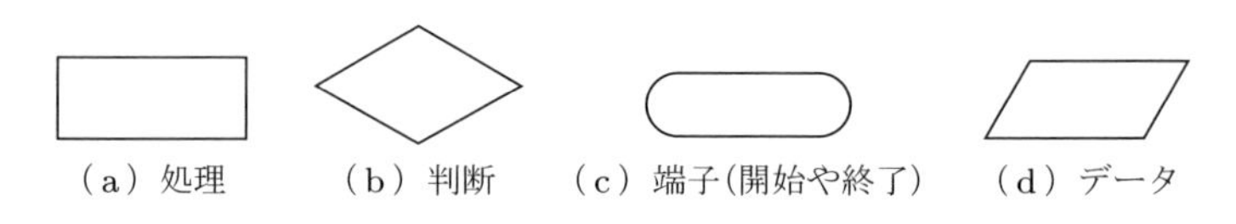
（a）処理
（b）判断
（c）端子(開始や終了)
（d）データ

解図 9.1

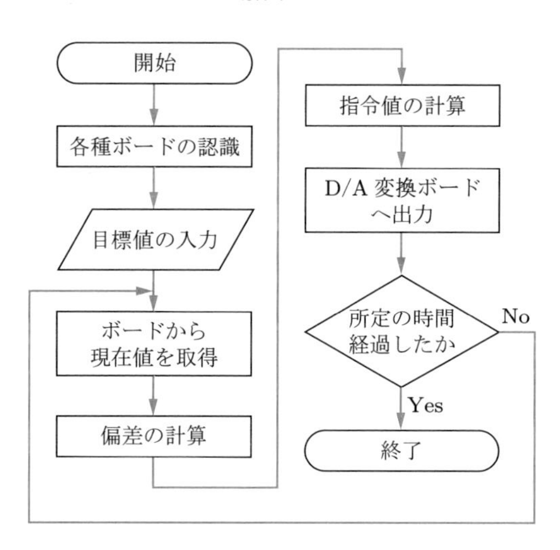
開始
各種ボードの認識
目標値の入力
ボードから
現在値を取得
偏差の計算
指令値の計算
D/A 変換ボード
へ出力
所定の時間
経過したか
No
Yes
終了

解図 9.2

参考文献

[1] 高森年　編著：新世代工学シリーズ　メカトロニクス，オーム社，1999
[2] 三浦宏文　監修：ハンディブック　メカトロニクス　改訂 3 版，オーム社，2014
[3] 武藤一夫：実践　メカトロニクス入門，オーム社，2006
[4] 塩田泰仁：新装版　はじめてのメカトロニクス，森北出版，2011
[5] 土谷武士，深谷健一：メカトロニクス入門　第 2 版，森北出版，2004
[6] 米田完，坪内孝司，大隅久：はじめてのロボット創造設計　改訂第 2 版，講談社，2013
[7] 赤津観　監修：史上最強カラー図解　最新　モータ技術のすべてがわかる本，ナツメ社，2012
[8] 森本雅之：入門モーター工学，森北出版，2013
[9] 武藤高義：メカトロニクス教科書シリーズ 3　アクチュエータの駆動と制御（増補），コロナ社，2004
[10] 加藤一郎：人間工学―工学的人間学―，放送大学教育振興会（放送大学教材 54250-1-8811），1988
[11] 岩本太郎：機構学　新装版，森北出版，2020
[12] 水本哲弥：フーリエ級数・変換/ラプラス変換，オーム社，2010
[13] トランジスタ技術編集部　編：わかる電子回路部品完全図鑑，CQ 出版社，1998
[14] 三宅和司：抵抗＆コンデンサの適材適所，CQ 出版社，2000
[15] 後閑哲也：電子工作のための PIC 活用ガイドブック，技術評論社，2000
[16] 神崎康宏：作りながら学ぶ PIC マイコン入門，CQ 出版社，2005
[17] Massimo Banzi, Michael Siloh（船田巧　訳）：Arduino をはじめよう　第 4 版，オライリージャパン，2023
[18] 金丸隆志：実例で学ぶ Raspberry Pi 電子工作，講談社，2015
[19] 髙橋晴雄，阪部俊也：機械系教科書シリーズ 10　機械系の電子回路，コロナ社，2001
[20] 鷹野英司，安藤久夫，加藤光文：電子機械制御入門　第 2 版，オーム社，2014
[21] 示村悦二郎：自動制御とは何か：コロナ社，1990
[22] 田中正吾，山口静馬，和田憲造，清水光：制御工学の基礎，森北出版，1996
[23] 金子敏夫：機械制御工学　第 2 版：日刊工業新聞社，2003
[24] 森泰親：演習で学ぶ基礎制御工学　新装版，森北出版，2014
[25] 林晴比古：改訂　新 C 言語入門　ビギナー編：ソフトバンクパブリッシング，1998
[26] 山田博：小形モータの理論と実際：工学図書，1989
[27] 南任靖雄：センサと基礎技術：工学図書，1996

索引

著者略歴

渋谷　恒司（しぶや・こうじ）

1991 年　早稲田大学理工学部機械工学科卒業
1993 年　早稲田大学大学院理工学研究科修士課程修了
1996 年　早稲田大学大学院理工学研究科博士後期課程単位取得退学
　　　　　早稲田大学理工学部機械工学科助手
1998 年　博士（工学）早稲田大学
　　　　　龍谷大学理工学部機械システム工学科助手
2002 年　龍谷大学理工学部機械システム工学科講師
2007 年　龍谷大学理工学部機械システム工学科准教授
2014 年　龍谷大学理工学部機械システム工学科教授
2020 年　龍谷大学先端理工学部機械工学・ロボティクス課程教授
　　　　　現在に至る

メカトロニクスの基礎（第 2 版）

2016 年 3 月 18 日　第 1 版第 1 刷発行
2023 年 2 月 21 日　第 1 版第 5 刷発行
2023 年 6 月 30 日　第 2 版第 1 刷発行

著者　　　渋谷恒司

編集担当　上村紗帆・村上　岳（森北出版）
編集責任　富井　晃（森北出版）
組版　　　ウルス
印刷　　　丸井工文社
製本　　　　同

発行者　　森北博巳
発行所　　森北出版株式会社
　　　　　〒102-0071　東京都千代田区富士見 1-4-11
　　　　　03-3265-8342（営業・宣伝マネジメント部）
　　　　　https://www.morikita.co.jp/

ISBN978-4-627-67522-3